电网企业作业现场安全督查工作规范

国网冀北电力有限公司 编

中国电力出版社
CHINA ELECTRIC POWER PRESS

图书在版编目（CIP）数据

电网企业作业现场安全督查工作规范 / 国网冀北电力有限公司编. -- 北京 : 中国电力出版社, 2023.4 (2024.6 重印)
ISBN 978-7-5198-7283-0

Ⅰ. ①电… Ⅱ. ①国… Ⅲ. ①电力工业－安全生产－规范 Ⅳ. ① TM08-65

中国版本图书馆 CIP 数据核字 (2022) 第 226862 号

出版发行：中国电力出版社
地　　址：北京市东城区北京站西街 19 号（邮政编码 100005）
网　　址：http://www.cepp.sgcc.com.cn
责任编辑：王冠一（010-63412726）　马　丹　柳　璐
责任校对：黄　蓓　常燕昆
责任印制：钱兴根

印　　刷：北京锦鸿盛世印刷科技有限公司
版　　次：2023 年 4 月第一版
印　　次：2024 年 6 月北京第三次印刷
开　　本：710 毫米 ×1000 毫米　16 开本
印　　张：14.5
字　　数：192 千字
定　　价：50.00 元

编写人员

主　编　李　鹏

副主编　邓志远　任　帅

参　编　蔡鹏飞　龚延兴　班　宁　张亚晨　周建辉　安　冰

古诗词　齐　铭　周金环　幺乃鹏　杨洪波　王　松

张　伟　王　伟　李永玲　桑国松　贾轶辉　曹津源

李木文　肖志国　孙永峰　祁春风　袁　力　张金祥

宋岷山　王　政　许鸿飞

前 言

作业现场安全督查是安全管控工作的一项重要内容，通过对各类作业现场的活动行为和基层班组的安全例行管理工作进行检查，对存在的不符合有关安全生产法律、法规以及企业安全生产规程、规定的现象进行纠正，促进作业人员树立良好的作业行为。

本书立足生产检修现场安全管控现状，按照预防作业安全风险的管控策略和能力的总体思路，从管住队伍、人员、计划、现场四个要素出发，重点开展督查队伍建设、作业风险管控、安全督查规范、安全生产反违章处置四项安全管控能力建设，通过核心要素的和谐交互，有效抵抗和防御作业内外部风险的影响，确保按计划作业、确保作业人员合规、确保现场规范有序、确保管理人员到岗到位，提升作业现场标准化作业水平。

鉴于编写人员水平有限、编制时间仓促，书中难免有不妥之处，敬请批评指正。若本书引用的标准、规定、文件已修订或作废，以新的文件要求为准 。

编者

2023年2月

目 录

—— CONTENTS ——

第一章

安全督查基础知识

第一节　安全督查介绍

安全督查是安全监督工作的一项重要内容，是发现不安全因素和事故隐患的有效途径。通过安全督查对电网企业各类作业现场的活动行为和基层班组的安全例行管理工作进行检查，对存在的不符合有关安全生产法律、法规以及企业安全生产规程、规定的现象进行纠正，并按有关管理规定对其进行相应的处理，是遏制违章的主要手段。开展作业现场安全督查规范工作，是全面贯彻落实国家电网有限公司党组“五个坚持（坚持抓早抓小、追本溯源、精准防控、四不放过、举一反三）”的原则、紧盯“三杜绝、三防范（杜绝大面积停电事故、人身死亡事故、重特大设备事故，严格防范重大网络安全事件、重特大火灾、恶性误操作）”安全目标、牢牢守住安全生产“人民至上、生命至上”的要求，是公司“以岗位责任管理为基础，以提高员工岗位胜任能力为重点，全面提升员工的岗位履职能力”的工作体现，是公司进一步提升安全督查工作质效、进一步提升安全管控水平、推动安全生产治理体系和治理能力现代化的一项重要决策。

现场安全督查是指公司系统各级安全督查队伍对各类作业现场开展的安全检查、违章查处、督促整改等现场安全监督检查工作。现场安全督查应遵循以下原则：一是坚持全面覆盖原则，常态开展“四不两直”现场安全督查，覆盖各级单位、各类专业；二是坚持分级督查原则，各级安全督查队伍按照作业风险分级管控要求，分层分级开展现场监督检查；三是坚持重点管控原则，针对重大风险、重点工程、关键时段的现场作业开展重点或专项安全督查；四是坚持专业协同原则，发挥专业反违章主体作用，统筹组建安全监督队伍，协同开展现场违章督查工作；五是坚持闭环督治原则，及时查纠现场作业中的苗头性、倾向性问题，闭环督促违章整改。

现场安全督查规范化工作是安全监督部门转变工作作风的重要手段，是在公司开展的安全巡查、专项安全检查等其他安全监督的基础上创建并实施的，与其他督查方式相互协同、共同推进。工作方针是直奔现场查问题，追根溯源找原因，督促整改求实效。最终目的是掌握一线实情，找准问题症结，推动修订制度、完善机制、出台政策，帮助基层发现解决安全生产难点和痛点问题，从而达到发现一个问题、堵塞一项漏洞、化解一类风险，防止问题反弹和重复发生的效果。

直奔现场查问题就是严格执行安全督查工作纪律要求，直奔基层、直插现场，掌握一线实情，深挖问题隐患。追根溯源找原因就是以掌握的问题隐患为线索，按照“现场—项目部（专业部门）—主管部门（单位）”的顺序逐级对问题隐患进行溯源，对成因进行分析。督促整改求实效就是针对发现的问题隐患，督促现场立行立改，主管部门（单位）举一反三落实整改，推动修订规章制度，健全长效工作机制。

现场安全督查规范化工作与安全生产巡查的关系。两者都是以查找管理问题为重点，安全生产巡查具有系统性、全面性、周期性的特点，规格高、专业全、周期长、查得面宽；安全督查规范化是安全巡查工作过程中发现问题的重要手段，具有随机性、针对性、常态性的特点。

现场安全督查规范化工作与日常安全检查的关系。日常安全检查实施主体更多的是领导干部、管理人员、工区和班组，典型的是到岗到位，是作业安全管理的主要内容，是广泛应用的、常态性的自我检查。日常安全检查可以为现场安全督查规范化工作提供数据支撑。

现场安全督查规范化工作，从形式上能够极大地减轻基层负担，倒逼基层把主要精力放到抓好日常安全工作、落实现场安全措施上。从实效上能够掌握一线实情，找准问题症结，同时采取视频方式对涉事单位进行“指名道姓”式通报，紧扣实际，聚焦典型，“红脸、出汗”效果更明显。从机制上能够以现场发现问题为线索，对问题成因追根溯源，推动制定整体解决方案，能够更好地帮助基层解决安全生产难点和痛点问题。

第二节　安全督查职责分工与队伍建设

各单位负责安全督查队建设、管理工作，负责制定本单位安全督查要点、实施细则和违章记分标准，为安全督查工作提供人员、资金和装备保障。安全督查人员应及时、规范填写各种督查工作记录，并存档备查，保存期至少一年。

一、各级安全监察部门职责

（1）负责制订本级安全督查工作计划，组织开展本级安全督查工作，对所属各单位安全督查工作进行监督指导。

（2）负责组织开展本单位安全督查人员培训取证工作。

（3）负责统筹本级安全督查队日常管理和评价考核，为督查人员提供必要的督查条件。

二、各级专业管理部门职责

（1）负责按期在各级网站、安全风险管控监督平台发布年度、月度、周综合作业计划。

（2）按照“谁主管谁负责、谁组织谁负责、谁实施谁负责”的原则，负责组织开展本专业违章自查自纠，加强现场安全管理，落实安全措施；负责对违章人员开展专业培训，提高员工安全基本技能；负责对安全督查发现的问题制定整改措施、计划并组织落实。

（3）负责安排本专业熟悉安全生产规章制度、具备较强业务素质的人员参与安全督查工作。

三、各级安全督查队职责

（1）对本级的安全监察部门负责。

（2）负责落实安全督查工作计划，按照“四不两直”原则，对作业现场、安全管理工作开展督查。

（3）查处作业现场、安全管理各类违章，做好违章曝光和记录，跟踪违章整改情况。

（4）定期统计、分析安全督查和违章情况，提出加强安全管理的意见和建议。

（5）收集、分析、总结作业现场保证安全生产的先进经验和典型做法，上报本级安全监察部门。

（6）开展现场督查新技术、新手段研究应用，并不断创新督查形式，提升督查效果。

四、安全督查队权限

（1）安全督查队持有效证件有权进入本单位所有生产场所及作业现场进行安全督查，有权查阅安全生产相关系统数据。

（2）对阻碍现场督查的行为有权纠正或向上级反映。

（3）遇有严重违章行为，可能危及人身、电网和设备安全时，有权责令立即停止作业，要求作业人员撤离现场。

（4）督查过程中有权询问相关人员，调阅相关资料，并采取录音、照相、摄像等方法取证。

（5）对各单位安全奖惩考核有建议权。

五、安全督查队义务

（1）认真遵守各项安全生产规章制度，维护生产区域、作业现场正常生产秩序，督查工作不得影响作业现场安全。

（2）制止违章作业、违章指挥、违反生产现场劳动纪律的行为时，应向违章者作出明确解释。

（3）严格执行有关安全生产法律、法规以及企业安全生产规程、规定相关要求。

（4）坚持原则，实事求是，廉洁自律，认真履责。

六、安全督查人员应具备的基本条件和要求

各省、地市、县供电公司（含省公司所属建设、施工、超高压公司）以及公司所属生产性直属单位应设立安全督查队，并按督查工作需要，足额配置专职或兼职安全督查人员，开展安全督查工作。

各级安全督查队由相应安全监察部门归口管理，以“能力相匹配、专业相适应”为原则，且满足以下条件：

（1）安全督查人员应熟悉国家、行业安全生产有关法律、法规和企业相关专业规章制度、工作流程；恪守职业道德，严守工作纪律，自觉维护安全督察队伍的权威和形象。

（2）安全督查人员应有较强的沟通能力和组织协调能力，并具备一定文字处理能力；服从管理，严格按计划开展督查工作，不得擅自脱岗。

（3）安全督查人员应熟练掌握直流、变电、输电、配电、高压试验、电网运行、二次系统、基建、农配网、营销、信息通信、交通、消防、保卫、省管产业单位安全管理等一项或多项相关专业知识，具备相应的现场工作经验。

（4）安全督查人员要严格遵守相关保密管理规定；不得泄露督查人员、督查行程等信息；不得泄露被督查单位的涉密信息；不隐瞒、歪曲、捏造事实，确保工作不虚、不空、不偏。

（5）安全督查人员应严格遵守中央八项规定精神、党风廉政纪律，不干涉被督查单位的正常工作，发现重要情况要及时沟通汇报。督查期间严禁饮酒，严禁入住高档酒店，严格执行勤俭节约和廉洁自律规定，严禁接受被督查单位的礼金、礼品，严禁参加被督查单位安排的与督查工作无关的活动。原则上不使用被督查单位车辆和驾驶员。

（6）安全督查人员应了解自己身体状况，保持状态良好，患有高血压、糖尿病、低血糖等慢性病的须随身携带药品。注意交通安全，不得违规责令司机超载、超速、疲劳驾驶；遇雨雪、冰雹、强风、浓雾等恶劣天气，应避免进入有潜在危险的施工场地；不得越权指挥现场施工人员作业；在高处作业及交叉作业等区域，须注意防范高处坠物、设备倾覆等危险。

（7）安全督查人员必须经培训考试合格后方可担任。

（8）安全督查人员应注重督察实效，要能够发现普遍性、系统性问题，对突出安全风险，提出应对措施、意见、建议；对发现问题要有分析、有措施，对业主、施工有导向和震慑作用。

（9）安全督查人员应落实检查责任。对因督查发现的隐患整改不到位而引发事故的，按照“谁签字、谁负责”的原则，严肃追究生产经营单位负责人的责任；对督查过程“应发现但未发现”的隐患而引发事故的，按照“谁检查、谁负责”“谁签字、谁负责”严肃追究生产经营单位责任，同时要追究督查人员责任。

各单位应为安全督查队提供必要的办公场所和条件，配备督查车辆、办公用品、照相机、执法记录仪等办公和督查装备（见附录A）。

各单位应安排充足资金用于安全督查队建设、人员培训、装备配置等，确保安全督查工作常态开展。安全督查队人员应配置齐全、专业搭配合理，分工明确,满足安全督查工作需要。安全督查队可与安全督查中心一体化运作，建立协同工作机制，提升现场安全督查效能。

七、安全督查工作的基本方法

督查人员要带头遵守各项规章制度和现场劳动纪律，带头遵守生产现场的安全生产和文明生产的规定，到现场个人着装要符合要求，个人安全防护佩戴要规范。了解现场的工作（施工）情况一定要仔细、全面，要与现场人员多沟通，与现场被查人员交流时态度要诚恳，对发现现场存在的问题不要轻易下结论。要在全面了解，事实清楚、准确的情况下做出准确的判断。对违章现象的处理要证据清楚，依据准确，处罚适度。做到以事实为依据，以规程规定为准绳，以理服人。督查工作要处理好两个关系：一是督查与指导的关系；二是教育与处罚的关系。对现场违章进行处罚时，要注意现场工作的进度情况，注意防止因处罚造成现场工作人员的情绪波动，导致现场安全风险的增大。一般在现场不要直接告知，离开现场后选择适当时机告知处罚的情况。

第三节　安全督查组织方式及工作流程

各级安监部门要应用安全风险管控监督平台（含移动作业 APP），建立远程监控与现场督查互为补充的工作机制，对督查计划、现场督查、违章查纠、通报整改、整改备案进行全流程管理。

一、安全督查组织方式

安全督查，包括日常监督检查、专项监督检查和协同监督检查。安全监察部门、专业部门和安全督查队伍应采用“四不两直”等方式，依据事故事件、季节性特点、安全生产巡查、现场安全作业等情况，梳理分析突出问题、薄弱环节和管理短板。对下级单位开展监督检查或远程视频监督检查；对安全生产管理性、行为性、装置性违章进行日常监督检查；对安全生产突出问题、薄弱环节和重点领域，开展专项监督检查；对春（秋）检、迎峰度夏（冬）、抢险救灾、基建开（复）工等关键阶段，高风险作业关键环节和特高压等重点项目，开展协同监督检查。对安全事故（事件）频发、有严重违规违章记录、存在重大安全隐患等情况的单位，适当增加督查频次。

二、安全督查工作流程

（一）督查计划

各级安监部门根据平台中的作业计划和安全风险分级情况，提前制定现场督查工作计划，并派发至安全督查人员。现场安全督查计划按照“周计划、日安排”原则执行。

各级安监部门：根据作业风险分级管控、季节特点、各类安全专项检查等工作，统筹各级督查队人员承载力，对现场安全督查周计划提出指导意见。

各级安全督查队：在安全风险管控监督平台中，根据周作业计划，按照各级安监部门的指导意见，制定现场安全督查周计划；根据现场安全督查周计划，在风险监督平台中分解现场安全督查日计划，并派发至督查人员。

安全督查人员：收到督查任务后，根据督查工作类型，熟悉作业计划、作业风险、作业人数、施工（检修）方案、现场督查要点等，确定现场督查关键环节和检查重点。

（二）现场督查

1. 督查准备

安全督查人员应提前熟悉督查任务，交待有关注意事项，明确负责人及人员分工。依据作业类别、内容和安全风险分级情况，在移动作业 APP 中生成现场督查要点。提前准备好车辆、督查证、移动作业终端、执法记录仪、安全帽、工作服等督查装备及必要的应急医疗药品。

2. 现场督查

安全督查人员根据督查要点逐项检查作业现场安全情况。视频督查主要通过“微信”或“腾讯会议”APP 等形式开展，检查前与相关安全督查人员建立临时微信群或腾讯会议。现场督查安全督查人员到达现场后，开启执法记录仪，向现场人员出示督查证，亮明身份，同时在移动作业 APP 中签到，应尽量做到不影响现场正常生产活动。安全督查人员根据督查要点，采用“考、问、查、看”的方式逐条开展现场安全督查。

（1）现场“安规”考。抽取现场作业负责人、专职监护人、监理、作业人员等，结合作业内容，对“安规”相关条款进行考查。考查可采用口头或简单书面方式进行。

（2）现场人员询问。询问现场作业人员当天工作任务、危险点及防范措施等；询问监护人、监理人员现场安全措施布置、关键危险点、监护范围、施工（检修）方案规定等；询问劳务分包人员同质化管理情况等。

（3）现场资料检查。作业现场要检查现场勘察记录、施工方案（“三措”）、操作票、工作票（作业票）等作业资料；施工、监理项目部驻地要检查项目部、作业层班组成立文件、承分包合同、安全协议、特种作业人员、特种设备、施工机械进场报审、监理日志、旁站记录、签证记录、监理整改通知单等作业资料。

（4）安全措施查看。现场检查近电作业防感应电、高处作业防高坠、开关柜检修防触电、组塔架线防倾覆、有限空间作业、深基坑开挖防人员窒息等高风险作业安全措施落实情况。

（5）督查工作总结。现场督查结束后，在风险监督平台移动 APP 中签退，汇总现场曝光违章情况，编写当日督查日报。

第四节　安全督查范围及重点

一、督查范围

各级安全督查队有权对生产作业、营销作业、输变电工程、配（农）网建设、迁改工程施工、信息通信作业、电力监控作业以及送变电公司和省管产业单位承揽的外部建设项目施工等覆盖所有专业类型作业进行现场安全督查或远程视频督查，有权调阅与作业现场相关的各类安全管理资料。

各级安全督查队应按照作业风险分级管控要求，分层分级开展作业现场或视频安全督查。

（1）省公司级单位应对所辖范围内的二级风险作业现场开展全覆盖督查。重点督查五级及以上电网风险作业现场，抽查所辖各地市、县公司的其他作业现场。

（2）地市公司级单位（含建设、检修等生产性直属单位）应对所辖范围内的三级及以上风险作业现场开展全覆盖督查。重点督查六级及以上电网风险作业现场，抽查所辖各县公司、二级机构的其他作业现场。

（3）县公司级单位对所辖范围内的作业现场开展全覆盖督查。

（4）视频督查主要通过视频连线各单位现场安全督查人员，检查安全督查人员到岗情况、现场工作负责人对作业风险因素和控制措施掌握情况、作业人员安全准入和持证上岗情况、各级领导干部和管理人员到岗到位情况等。

二、督查重点

（一）管住计划

重点从计划管理、风险识别、评估定级、管控措施制定、作业风险管控督查例会、风险公示告知等6个方面设置具体要求，旨在督促各单位切实围绕日计划管理这一源头，建立起严密的作业计划指挥管控体系，扎实抓好作业风险的分层分级监督管控。

1. 计划管理督查内容

主要包含计划及时性、全面性、规范性三方面内容。检查作业内容是否与作业计划一致，是否存在无计划作业或者超范围作业情况。

（1）检查计划及时性。各单位的作业任务应统筹考虑月度停电计划、管理和作业承载能力等情况，按“周”进行平衡安排，细化分解到日，形成作业计划。

（2）检查计划全面性。生产作业、营销作业、输变电工程、配（农）网建设、迁改工程施工、信息通信作业以及送变电公司和省管产业单位承揽的外部建设项目施工均应纳入作业计划管控，严禁无计划作业。

（3）检查计划规范性。各单位应结合平台应用，明确各专业计划管理人员，健全计划编制、审批和发布工作机制，严格计划编审、发布与执行的全过程监督管控。作业计划应包括作业内容、作业时间、作业地点、作业人数、专业类型、风险等级、风险要素、作业单位、工作负责人及联系方式等关键字段内容。

2. 风险识别督查内容

重点督查作业危险因素、风险辨识是否全面到位，作业项目是否做到“应勘必勘”。

检查现场勘察：作业任务确定后，各单位应根据作业类型、作业内容，规范组织开展现场勘察、危险因素识别等工作。现场勘察应包括工作地点需停电的范围、保留的带电部位等内容。现场勘察应填写现场勘察记录，并作为作业风险评估定级、编制“三措”和填写、签发工作票（纸质或数字票）的依据。

3. 评估定级督查内容

重点督查各类作业严格执行公司《作业风险管控工作规范》要求情况，是否规范开展作业风险评估定级，切实做到计划覆盖全面、风险定级准确。

检查风险定级：生产作业、配（农）网工程施工作业、营销作业、输变电工程等执行《国家电网有限公司作业安全风险管控工作规定》《国家电网有限公司关于进一步加强生产现场作业风险管控工作的通知》《国家电网有限公司输变电工程建设施工安全风险管理规程》评估定级有关要求。

4. 管控措施制定督查内容

重点督查作业风险防控措施制定的针对性和作业手续编、审、批程序规范性。

检查措施编制与审批：作业风险评估定级完成后，作业单位应根据现场勘察结果和风险评估定级的内容制定管控措施，编制审批“两票”“三措一案”；作业风险管控措施由作业班组、相关专业管理部门和单位分级策划制定，并经逐级审批后执行。

5. 作业风险管控督查例会督查内容

重点督查各单位规范开展周作业风险管控督查例会情况。

检查作业风险管控督查例会：省公司、地市公司级单位按周组织作业风险管控工作督查会议，对所属单位作业风险管控工作情况进行督查。

6. 风险公示告知督查内容

重点督查各单位落实公司风险公示告知要求，逐级、逐现场履行风险公示告知义务和落实事前防控责任情况。

（1）检查风险公示。地市（县）公司级单位、二级机构按照“谁管理、谁公示”原则，以审定的作业计划、风险等级、管控措施为依据，每周日前对本层级（不含下层级）管理的下周所有作业风险进行全面公示。

（2）检查风险告知。各单位、专业、班组应充分利用工作例会、班前会等，逐级组织交待工作任务、作业风险和管控措施，并通过移动作业 APP 从上至下将“四清楚”任务传达到岗、到人。

（二）管住队伍

重点从队伍准入、动态评价和考核退出等 3 个方面设置具体要求，检查作业单位安全准入情况，是否与工作票所列人员相符。旨在督促各单位依托风险监督平台，切实抓好施工队伍安全资信报备、动态评价等工作，严格执行“黑名单”“负面清单”要求，坚决剔除安全管理不合格、不满足要求的施工单位，把真正懂管理、有技术、有能力、守规矩的队伍留在现场。

1. 队伍准入督查内容

包含队伍安全资信档案库、资信条件和资信审核三项内容，重点评价各单位健全队伍安全资信库、规范开展安全资信报备等工作情况。

（1）检查队伍安全资信档案库。各单位应建立企业安全资信档案库，对进入公司生产经营区域从事生产、建设、营销等现场作业的内外部施工单位，包括系统内施工企业（各级送变电公司、产业单位）和社会施工企业，实施全覆盖管理。

（2）检查资信条件。具备有效的营业执照和法人代表资格证书；具备有效的专业资质证书。具备准入合格的工作票签发人、工作负责人。未在“黑名单”或“负面清单”禁入时限内。

（3）检查资信审核。地市（县）公司级单位专业部门负责受理本专业承包单位安全资信报备资料，审核验证后组织录入平台；安监部门复核后，经单位负责人审批并统一发布。业务承揽企业安全资信信息在同一省公司级单位、同一时间范围内必须保持唯一。

2. 动态评价督查内容

包含安全记分和动态评价两项内容，重点督查各单位应用风险监督平台动态开展施工队伍违章记分、实施安全资信管理等工作情况。

（1）企业安全记分。对承包单位的全过程安全记分管理，并将相关记分和不良安全行为记录到平台中。

（2）动态评价。各单位应定期发布队伍安全准入情况，及时通报业务承揽企业资信报备和动态评价情况，并传达至全部业务承揽企业。公司对承包单位安全资信报备实行动态管理，企业信息发生变动，应及时向相关发包单位申请变更,并记录在平台中。各省公司级单位应定期清理平台内长期（3 ~ 5年）不承揽业务的单位安全资信备案信息，并履行书面告知手续。

3. 考核退出

重点督查各单位“负面清单”规范管理情况，是否制定和落实相应标准和实施细则，及时将安全记分清零或达到规定下限的企业纳入“负面清单”管理，落实约谈警告、停工整顿、限制招投标等处理措施。

负面清单：各省公司级单位应对存在违规行为的业务承揽企业实行“负面清单”管理，明确“负面清单”标准和管理细则。对评价周期内安全记分清零或达到规定下限的企业，应及时纳入“负面清单”，落实约谈警告、停工整顿、限制招投标等处理措施。“负面清单”应由省公司级单位统一管理并审定发布。

（三）管住人员

重点从人员准入、动态管控和考核奖惩三个方面设置具体要求，检查人员安全准入情况，是否与工作票所列人员相符。旨在督促各单位依托风险监督平台切实抓好作业人员安全准入、安全资信动态评价等工作，全面实施人员安全准入考试、违章记分管控，切实规范现场作业人员的安全行为，养成遵章守纪习惯。

1. 人员准入督查内容

包含人员安全资信档案库、准入考试两项内容，重点督查各单位应用风险监督平台健全作业人员安全资信档案库以及规范开展全员安全准入考试等工作情况。

（1）人员安全资信档案库。各单位应建立人员安全资信档案库，对进入公司生产经营区域从事现场作业的人员，包含系统内员工（主业、产业单位员工）和外来人员实施全覆盖管理。

（2）准入考试。省公司级单位安监部门牵头组织安全准入考试工作。应健全各专业考试题库，考试内容、专业设置、考试成绩合格标准等应全省统一。应统一安排现场监考（或委托培训机构实施监考管理），考场设置监控设备,安排专人远程视频监考。安全准入考试应通过平台模块采取线上考试方式，考试结果及合格情况应及时记录至作业人员安全资信档案，作为安全准入的必备条件。

2. 动态管控督查内容

包含人员实名制管控和安全记分两项内容，重点督查各单位应用风险监督平台落实人员实名制管理要求、实施违章和不良行为记分等工作情况。

（1）人员实名制管控。各单位应实施人员实名制管理，对承包单位及其作业人员实施全过程动态安全评价管理，落实安全失信惩处措施，强化承包单位和现场作业人员安全责任履行。

（2）人员安全记分。对作业人员的全过程安全记分管理，并将相关记分和不良安全行为记录到平台中。在一个评价周期内（一般为一年）作业人员的安全记分实行累积，并作为作业人员动态安全评价分级的标准。

3. 考核奖惩督查内容

重点督查各单位落实人员“负面清单”管控情况，是否制定相应标准和实施细则，及时将安全记分清零或达到规定下限的作业人员纳入“负面清单”管理，并落实约谈警告、停工学习、重新准入等处理措施。

负面清单：各省公司级单位应对存在违规行为的作业人员实行“负面清单”管理，明确“负面清单”标准和管理细则。对评价周期内安全记分清零或达到规定下限的人员，应及时纳入“负面清单”，落实约谈警告等处理措施。“负面清单”应由省公司级单位统一管理并审定发布。

（四）管住现场

重点从作业管控、到岗到位和现场督查等三个方面设置具体要求，检查作业现场安全风险管控情况，是否存在风险辨识和管控不到位的情况。旨在督促各单位切实发挥专业保证和监督体系协同管控作用，充分应用信息化、数字化智能管控手段，强化作业全过程监督管控，严格各项安全管控措施执行落实，确保作业安全有序实施。

1. 作业管控督查内容

包含现场作业组织、安全交底、措施执行和作业终结等四项内容，重点督查各单位应用风险监督平台、移动终端等对现场作业实施全流程进行标准化、规范化管控情况。

（1）作业组织。作业开始前，工作负责人应提前做好准备工作。

1）检查现场勘察记录、“三措”、工作票等作业资料是否齐备、正确，保障安全的组织、技术措施是否规范执行。

2）核实作业人员是否具备安全准入资格、特种作业人员是否持证上岗、特种设备等机具装备进场报审等情况，是否按周期试验并正确使用。

3）核实作业必需的工器具和个人安全防护用品，确保合格有效。

4）按要求装设视频监控终端等设备，并通过移动作业 APP 与作业计划关联。

5）工作许可人、工作负责人共同做好现场安全措施的布置、检查及确认等工作，必要时进行补充完善，并做好相关记录。安全措施布置完成前，禁止作业。

（2）安全交底。工作负责人办理工作许可手续后，组织全体作业人员开展安全交底，并应用移动作业 APP 留存工作许可、安全交底录音或影像等资料。

（3）措施执行。现场作业过程中，工作负责人、专责监护人应始终在作业现场，严格执行工作监护和间断、转移等制度，做好现场工作的有序组织和安全监护。检查“三种人”安全履责情况。工作负责人重点抓好作业过程中危险点管控，应用移动作业 APP 检查和记录现场安全措施落实情况。

（4）作业终结。现场工作结束后，工作负责人应配合设备运维管理单位做好验收工作，核实工器具、视频监控设备回收情况，清点作业人员，应用移动作业 APP 做好工作终结记录。

2. 到岗到位督查内容

主要督查各级管理人员落实到岗到位管理制度要求，依据不同作业风险等级，分层分级到岗履责情况。

到岗到位执行：

（1）各级单位应建立健全生产作业到岗到位管理制度，明确到岗到位标准和工作内容，实行分层分级管理。

（2）二级风险作业，相关地市级单位或建设管理单位分管领导或专业管理部门负责人应到岗到位；省公司级单位专业管理部门应按有关规定到岗到位。

（3）三级风险作业，相关地市级单位或建设管理单位专业管理部门、县公司级单位负责人或管理人员应到岗到位。

（4）输变电工程到岗到位要求按照《国家电网有限公司输变电工程建设安全管理规定》执行。

（5）生产现场作业到岗到位要求按照《变电现场作业风险管控实施细则（试行）》《直流现场作业风险管控实施细则（试行）》《输电现场作业风险管控实施细则（试行）》《配电现场作业风险管控实施细则（试行）》《变电倒闸操作现场作业风险管控实施细则（试行）》《直流倒闸操作现场作业风险管控实施细则（试行）》执行。

3. 现场督查督查内容

包含现场和视频督查、违章查处、督查覆盖情况等内容，重点督查各单位发挥安全督查中心、安全督查队作用，应用安全风险管控监督平台、远程视频监控终端，对作业现场进行“全覆盖”安全督查的情况。检查现场作业人员安全文明施工、安全要求执行落实情况。

（1）视频督查。各级单位利用平台开展远程视频督查，并对各作业现场安全措施布置、作业实施、两票执行、到岗到位等关键环节进行监控。

（2）违章查处。督查人员发现违章行为，应立即制止、纠正，使用督查APP等工具对现场发现的问题进行抓拍，做好违章记录，第一时间推送至平台曝光。

（3）单位覆盖。各级单位依托各级安全管控中心、安全督查队等对各类作业现场开展“四不两直”现场和远程视频安全督查。

（4）专业覆盖。现场安全督查应覆盖各类专业。

第二章

作业风险管控工作规范

安全管理的实质是风险管理。建立安全风险管理体系，是电网安全生产面临形势和任务的要求，对于形成安全生产预防机制，规避和化解安全风险，保障公司和电网安全发展，促进企业平安和谐，具有重要的作用和意义。

第一节　定义与流程

一、作业风险

作业风险是指在生产作业活动过程中，由于组织不完善、管理不到位、行为不规范、措施不落实等，有可能引起安全生产事故的风险。涉及触电伤害、高处坠落、物体打击、机械伤害、中毒窒息等，主要包括生产作业风险和输变电工程施工作业风险。

二、作业活动

任何有组织、有计划、有目的地生产活动，通过人的行为使电网、设备的状态或结构发生改变，或使现场环境发生变化。

三、作业类型

生产作业类型主要包括生产作业（运维、检修、改造）、营销作业（计量、业扩等）、输变电工程、配（农）网建设、迁改工程施工、信息通信作业，以及送变电公司和省管产业单位承揽的外部建设项目施工。

四、作业原则

作业安全风险管控遵循“全面评估、分级管控”的工作原则，并依托安全风险管控监督平台（含移动 APP）实施全过程管理。

五、作业风险分类

根据生产作业风险形成的主要原因，将其分为管理类风险和作业行为风险两类。

（一）管理类风险

主要指计划编制、作业组织、现场实施阶段相关领导和管理人员由于管理不到位，致使关键环节、关键节点失控而造成安全事故的风险。主要包括：

（1）作业计划编制因考虑不周全导致发生计划遗漏、重复停电、不均衡、时期不当、计划冗余和电网运行风险等。

（2）作业组织过程中因管理不到位发生任务分配不合理、人员安排不合适、组织协调不力、方案措施不全面、安全教育不力等。

（3）作业现场实施过程中因领导干部和管理人员未按照到岗到位标准深入现场检查、监督、指导和协调等。

（二）作业行为风险

主要指现场实施阶段由于管理人员、关键岗位人员、具体作业人员违反《电力安全工作规程》等规程规定,行为不规范而造成安全事故的风险。主要包括：

（1）发生触电、高处坠落、物体打击、机械伤害等人员伤害事故风险。

（2）发生恶性电气误操作，一般电气误操作，继电保护及安全自动装置的人员误动、误碰、误（漏）接线，继电保护及安全自动装置的定值计算、调试错误，以及验收传动误操作等人员责任事故风险。

六、标准化流程

（一）风险管控流程

包括风险描述（识别）、风险预警、风险控制（计划、组织、实施）、检查与改进等环节。

（二）作业计划流程

包括作业计划提出、评估确认、计划下达（年度 / 季度、月度、周、日）、工作组织、现场实施等环节。

（三）临时作业流程

包括现场勘察、审核批准、工作组织、现场实施等环节。

（四）现场实施流程

包括倒闸操作、安全措施设置与许可、检修（施工）作业、验收传动、工作终结等环节。

七、职责与分工

（一）一般要求

各单位应明确各有关部门、各级人员生产作业风险分析和管控的职责，统筹安排电网和设备停电计划，周密制订作业计划，有效落实生产作业风险管控措施，形成风险识别、预警、控制工作机制，建立生产作业风险标准化流程管理体系。

（二）省公司级单位职责

省公司以防止电网大面积停电作为首要任务，重点防控大面积停电事故风险、重特大人身伤亡事故风险。负责制定工作目标、职责分工、措施计划，并检查落实和指导改进，统筹协调推进动态风险标准化流程管控工作。

（1）安监部门负责建立健全作业风险管控工作监督机制，组织作业风险管控工作监督、检查、评价、考核，牵头组织风险管控工作督查会议。

（2）设备、营销、建设、调控中心等专业部门负责建立健全本专业作业风险管控工作机制，细化落实公司风险管控工作有关要求；督促地市公司级单位落实作业风险相关管控要求，参加本单位风险管控工作督查会议。

（三）地市（县）公司级单位职责

地市（县）公司、施工单位等重点控制人身伤害、设备损坏、供电中断等事故风险，负责生产作业风险的识别、预警、控制和监督工作。

（1）安监部门负责建立健全本单位作业风险评估、管控及督查工作机制；组织、协调和督导本单位作业风险管控工作，对所属单位作业风险评估定级、公示、管控措施制定和落实情况开展监督检查和评价考核，牵头组织风险管控工作督查会议。

（2）运检、营销、建设、调控中心等专业部门按照“谁组织、谁负责”的原则，负责组织本专业作业计划编制、风险评估定级、管控措施落实等工作；按要求组织开展到岗到位工作；参加风险管控工作督查会议。做好作业计划审核、措施制定、承载力分析、重大事项协调和风险评估等工作。

（四）二级机构（项目部）职责

负责组织实施作业风险管控工作，编制并上报作业计划，按照批复的作业计划，组织落实风险预控、作业准备、作业实施、到岗到位等各环节安全管控措施和要求。

（五）班组职责

负责落实现场勘察、风险评估、“两票”执行、班前（后）会、安全交底、作业监护等安全管控措施和要求。做好人员安排、任务分配、安全交底、工作组织等风险管控。

（六）“三种人”职责

工作票签发人、工作负责人、工作许可人等关键人是生产作业风险管控现场安全和技术措施的把关人，负责生产作业现场安全管控措施的组织制定、审核把关、执行落实和监督。严格履行《电力安全工作规程》规定的安全职责。

（七）作业人员职责

作业人员是生产作业风险控制措施的现场执行人，应熟悉和掌握风险管控措施，避免人身伤害和人员责任事故的发生。严格落实“两票三制”，对自己的工作行为负责，互相关心安全。

（八）到岗到位人员职责

到岗到位人员负责监督检查生产作业安全管控工作中方案、预案、“两票”及现场安全措施的落实和执行情况，协调和指导生产作业风险管理的改进和提升，针对发现的各类问题和不安全行为责令整改。到岗到位人员禁止违章指挥，禁止参与作业。

第二节　风险管控要素

一、一般要求

针对生产作业活动，开展风险识别、风险预警、风险控制，建立动态风险管控机制。

二、风险识别

（1）以防控人身触电、高处坠落、物体打击、机械伤害、误操作等典型事故风险为重点，从管理类和作业行为两方面分析和识别生产作业活动动态风险。

（2）以防止电网运行方式安排不当，在临时方式、过渡方式、检修方式等特殊方式下由于控制措施不合理，以及外力破坏而造成电网停电的风险。

（3）风险识别和分析应包含存在的影响电网、设备及人身安全因素、危险源点和其他可能影响安全的薄弱环节、需提醒有关部门（单位）注意和重视的事项。

三、风险预警

（1）对于可能发生人身伤害事故和有人员责任电网和设备事故的作业安全风险，建立安全预警机制，加强对生产过程风险预控。各单位应明确预警领导组织机构、预警启动条件、预警响应内容及预警解除条件。

（2）风险预警实行分类、分级管理，形成以企业、车间、班组为主体的风险预警管理体系。风险预警分为电网风险预警和作业风险预警两类。

1）电网风险预警。

省公司负责发布省调管辖范围电网可能导致六级以上电网安全事件的风险预警。

地市公司负责发布地（县）调管辖范围电网可能导致七级以上电网安全事件的风险预警。

对于涉及单一专业的省调管辖范围电网六级风险、地（县）调管辖范围电网七级风险，在制定并落实可靠的专业管控措施前提下，可以不专门发布预警。

a）预警发布。

①预警编制。各级调控部门会同相关部门根据电网检修、设备隐患、施工跨越、重大保电、灾害天气等情况，依据预警条件和预警评估结果，编制预警通知单。

预警通知单应包括风险等级、停电设备、计划安排、风险分析、预控措施要求等内容，预控措施应明确责任单位、管控对象、巡视维护、现场看护、电源管理、有序用电等重点内容。

②预警审批。预警通知单执行部门会签和审批制度，调控部门编制完成并送相关部门会签后，提交本单位领导或上级单位审批。

一、二级风险预警，报总部审核同意；三级以上风险预警，由省公司行政正职审核批准；四级风险预警，由省公司分管副职审核批准；地市公司五、六级风险预警，由本单位行政正职或副职审核批准；其他风险预警，由调控部门负责人审核批准。

③预警发布。充分发挥生产安全例会和预警管控系统两个平台作用，规范预警发布、反馈和解除。

预警通知单在周生产安全例会或日生产早会发布，并在预警管控系统挂网。

预警发布应预留合理时间，预警通知单宜在工作实施前36小时发布，四级以上预警通知单宜在工作实施3个工作日前发布。

输变电设备紧急缺陷或异常、自然灾害、外力破坏等突发事件引发的电网运行风险，达到预警条件，调控部门在采取应急处置措施后，及时通知相关部门和责任单位。

④预警反馈。相关部门按照“谁签收、谁组织、谁反馈”原则，组织落实管控措施，在次日生产早会或下周生产安全例会上汇报风险预警管控措施组织落实情况。

责任单位填写预警反馈单，在预警发布24小时内在预警管控系统挂网反馈。预警反馈单应包括事故预案制定、设备巡视频次、设备检测手段、安全保卫措施、政府部门报告、重要客户告知等内容。

预警通知单涉及工作实施前1个工作日，各项预警管控措施均应落实到位，具备下达设备停电操作指令的条件。

b）预警报告与告知。省公司、地市公司建立电网运行风险预警报告与告知制度，做好向能源局及派出机构、地方政府电力运行主管部门、电厂和重要客户报告与告知工作。

①预警报告。按照“谁预警、谁报告”的原则，四级以上风险预警，相关单位分别向能源局及派出机构、地方政府电力运行主管部门行文报送电网运行风险预警报告单。一、二级风险预警，总部向国家能源局、国家发展改革委经济运行局报告。

预警报告单应包括风险分析、风险等级、计划安排、影响范围（含敏感区域、民生用电、重要客户等）、管控措施、需要政府协助办理的事项建议等。

②预警告知。对风险预警涉及的二级以上重要客户，营销部门提前 2 个工作日向客户书面送达电网运行风险预警告知单并签收。

对电厂送出可靠性造成影响或需要电源支撑的风险预警，调控部门提前 1 个工作日向相关并网电厂书面送达预警告知单并签收。

预警告知单主要内容包括预警事由、预警时段、风险影响、应对措施等，督促电厂、客户合理安排生产计划，做好防范准备。

c）预警实施。预警发布后，应强化“专业协同、网源协调、供用协助、政企联动”，有效提升管控质量和实效。

①专业协同。调控、运检、基建、营销、信通、安质等专业协同配合，全面落实管控措施。

②电网调控。进行安全稳定校核，优化系统运行方式，完善稳控策略，转移重要负荷，优先安排操作，编制事故预案。

③设备运维。加强设备特巡，开展红外测温等带电检测，提前完成设备消缺和隐患整治，落实针对性运维保障措施，做好抢修队伍、物资和备品备件等准备。

④施工检修。优化施工检修方案，加大人员装备投入，确保按期完工。

⑤供电保障。组织供电安全检查，帮助客户排查消除用电侧安全隐患，

做好重要客户保电，做好配网应急抢修准备。

⑥信通保障。排查消除电力通信、信息系统、信息通信专用 UPS 电源等安全隐患，制定通信方式调整及保障方案，组织电力光缆、通信设备等特巡，做好应急通信系统准备，落实信息系统等安全防护措施。

⑦监督协调。协调编制风险预警管控工作方案，组织开展现场监督检查，督导落实电网调控、设备运维、施工检修、供电保障、信通保障等各项管控措施。

⑧网源协调。做好电厂设备配合检修，调整发电计划，优化开机方式，安排应急机组，做好调峰、调频、调压准备。加强技术监督，确保涉网保护、安全自动装置等按规定投入。

⑨供用协助。及时告知客户电网运行风险预警信息，督促重要客户备齐应急电源，制定应急预案，执行落实有序用电方案，提前安排事故应急容量。

⑩政企联动。提请政府部门协调电力供需平衡和有序用电，将预警电力设施纳入治安巡防体系，加强防外力破坏等管控措施。

四级以上风险预警，应强化落实以下风险预警管控措施：

①编制风险预警管控工作方案，成立组织机构，召开现场协调会，明确职责分工、管控措施和相关要求。

②强化值班制度，提前编制操作预案，开展专项反事故演习，优先安排操作。

③提升运维保障级别，无人变电站恢复有人值班，重要区段派专人看护，重点设备特巡不少于每日 3 次。

④加强施工组织，优化施工（检修）方案，派员驻场指导，开展随工验收。

⑤建立信息通报制度，及时通报天气情况、电网运行、现场环境、施工进度、管控措施落实等情况。

⑥保证主力电厂安全可靠、重要客户应急电源有效可用，联合开展针对性演练。

⑦提请政府部门协调落实电力平衡需求，调整发电计划，加强电力设施保护。

⑧电网运行风险预警管控工作应抓好与电网大面积停电事件应急预案的无缝衔接，针对电网运行风险失控可能导致大面积停电，提前做好应急准备，及时启动应急响应，全方位做好电网运行安全工作。

d）预警解除。根据预警通知单明确的工作内容和计划时间，电网恢复正常运行方式，解除电网运行风险预警。

预警解除由调控部门负责在预警管控系统实施，并在周生产安全例会或日生产早会发布。相关部门和单位接到预警解除通知后，应及时告知预警涉及的重要客户和并网电厂，并向政府部门报告。

预警状态因故延期或变更，需经预警通知单审批人同意后，方可延期或变更，由调控部门在周生产安全例会或日生产早会发布，相关部门和单位履行报告与告知手续。

2）作业风险预警。

所有二级风险作业应发布风险预警通知，三级风险作业由建设管理单位提出是否发布预警建议。

地市公司级单位除发布所有二级风险作业预警外，应根据建设管理单位建议，选择发布三级风险作业预警；对发布的三级风险预警，同时还应提出是否由省公司级单位发布预警建议。

省公司级单位必须发布二级风险作业预警，并根据地市公司和建设管理单位建议，选择发布三级安全风险预警。

地市公司按省公司发布的风险预警内容，组织开展风险预警响应。省公司相关部门对口进行指导。

各工区（县公司）按照各自地市公司发布的风险预警内容，组织开展风险预警响应。相关部门对口进行指导。

班组对风险预警内容进行行为风险预警响应，各工区（县公司）生产管理人员进行现场指导。

风险预警内容由主题、事由、时段、风险分析、控制建议措施、各部门（单位）响应措施等组成。

作业单位（建设管理单位）专业管理部门审核各项措施、明确三级及以上风险作业到岗到位把关人，安监部门明确安全督查人员，经分管领导签发后发布作业安全风险预警管控单；四级风险作业应向省公司级单位专业管理部门、安监部门报备。

涉及多专业、多单位的作业，由设备运维管理单位或项目管理部门组织作业风险定级、评估，并向相关专业、单位发布风险。

（3）建立风险预警跟踪机制，加强风险预警执行情况的检查和指导。

省公司职能部门对地市公司执行风险预警响应情况进行检查指导。

地市公司各职能部门对工区（县公司）执行风险预警响应情况进行检查指导。

工区（县公司）对班组执行风险预警响应情况进行检查指导。

四、风险控制

相关部门和单位按照工作职责和流程管理，针对生产作业风险，从计划、组织、实施阶段拟定指导性预防措施，包括工作方案、措施制定、人员组织、资源调配等情况。

组织学习工作方案，开展安全交底，组织现场勘察，制定并落实具体控制措施。

严格执行“两票三制”，明确工作内容、工作范围、安全措施、主要风险、防范措施等。

强化现场组织协调，工作负责人、专责监护人切实履行职责，有序开展工作。

领导干部和管理人员到岗到位，指导现场工作，及时协调和解决现场工作出现的情况和问题。

加强现场监督，及时指出和制止违章，执行违章考核。

第三节　作业计划管理

生产检修、大修技改、基建工程、营销作业、配（农）网工程、信息通信、产业单位承揽的内外部施工业务均应纳入作业计划，通过安全风险管控监督平台对作业计划实施刚性管理。

一、计划编制

各单位应根据设备状态、电网需求、基建技改及用户工程、保供电、气候特点、承载力、物资供应等因素，统筹协调生产、建设、营销、调度等各专业工作，科学编制作业计划。

（一）编制原则

应贯彻状态检修、综合检修的基本要求，按照“六优先、九结合”的原则，科学编制作业计划。

六优先：人身风险隐患优先处理；重要变电站（换流站）隐患优先处理；重要输电线路隐患优先处理；严重设备缺陷优先处理；重要用户设备缺陷优先处理；新设备及重大生产改造工程优先安排。

九结合：生产检修与基建、技改、用户工程相结合；线路检修与变电检修相结合；二次系统检修与一次系统检修相结合；辅助设备检修与主设备检修相结合；两个及以上单位维护的线路检修相结合；同一停电范围内有关设备检修相结合；低电压等级设备检修与高电压等级设备检修相结合；输变电设备检修与发电设备检修相结合；用户检修与电网检修相结合。

（二）月度作业计划编制

各级单位应根据设备状态、电网需求、反事故措施、基建技改及用户工程、保供电、气候特点、承载力、物资供应等因素制订月度作业计划，主要指 10 千伏及以上设备停（带）电作业计划。

（三）周作业计划编制

各级单位应根据月度作业计划，结合保供电、气候条件、日常运维需求、承载力分析结果等情况统筹编制周作业计划。周作业计划宜分级审核上报，实现省、地市、县公司级单位信息共享。

（四）日作业安排

二级机构和班组应根据周作业计划，结合临时性工作，合理安排工作任务。

二、计划发布

月度作业计划由专业管理部门统一发布。

周作业计划应明确发布流程和方式，可利用周安全生产例会、信息系统平台等发布。

信息发布应包括作业时间、电压等级、停电范围、作业内容、作业单位等内容。

周作业计划信息发布中还应注明作业地段、专业类型、作业性质、工作票种类、工作负责人及联系方式、现场地址（道路、标志性建筑或村庄名称）、到岗到位人员、作业人数、作业车辆等内容。

三、计划管控

生产作业、营销作业、输变电工程、配（农）网建设、迁改工程施工、信息通信作业，以及送变电公司和省管产业单位承揽的外部建设项目施工均应纳入作业计划管控，严禁无计划作业。

作业计划应包括作业内容、作业时间、作业地点、作业人数、工作票种类、专业类型、风险等级、风险要素、作业单位、工作负责人及联系方式、到岗到位人员信息等内容。

作业计划按照“谁管理、谁负责”的原则实行分层分级管理。各单位应结合平台应用，明确各专业计划管理人员，健全计划编制、审批和发布工作机制，严格计划编审、发布与执行的全过程监督管控。

作业计划实行刚性管理，禁止随意更改和增减作业计划，确属特殊情况需追加或者变更作业计划，应按专业要求履行审批手续后方可实施。

各级安监部门应加强对计划管控工作的全过程安全监督，对无计划作业、随意变更作业计划等问题按照管理违章实施考核。

第四节　风险识别

作业任务确定后，各单位应根据作业类型、作业内容，规范组织开展现场勘察、危险因素识别等工作。

一、现场勘察

现场勘察一般应由工作负责人或工作票签发人组织，设备运维管理单位和作业单位相关人员参加。

（1）承发包工程作业应由项目主管部门、单位组织，设备运维管理单位和作业单位共同参与。

（2）对涉及多专业、多单位的大型复杂作业项目，应由项目主管部门、单位组织相关人员共同参与。

（3）输变电工程现场勘察参照《国家电网有限公司输变电工程施工安全风险管理规程》执行。

（4）生产现场作业现场勘察参照《变电现场作业风险管控实施细则（试行）》《直流现场作业风险管控实施细则（试行）》《输电现场作业风险管控实施细则（试行）》《配电现场作业风险管控实施细则（试行）》《变电倒闸操作现场作业风险管控实施细则（试行）》《直流倒闸操作现场作业风险管控实施细则（试行）》执行。

二、现场勘察组织

现场勘察应在编制“三措”及填写工作票前完成。现场勘察由工作票签发人或工作负责人组织。

现场勘察一般由工作负责人、设备运维管理单位和作业单位相关人员参加。对涉及多专业、多单位的大型复杂作业项目，应由项目主管部门、单位组织相关人员共同参与。承发包工程作业应由项目主管部门、单位组织，设备运维管理单位和作业单位共同参与。开工前，工作负责人或工作票签发人应重新核对现场勘察情况，发现与原勘察情况有变化时，应及时修正、完善相应的安全措施。

（一）变电现场作业现场勘察

1. 勘察原则

Ⅰ～Ⅲ级检修必须开展现场勘察，Ⅳ、Ⅴ级检修根据作业内容必要时开展现场勘察。作业环境复杂、高风险工序多的检修，还应在项目立项、检修计划申报前开展前期勘察，确保项目内容、停电范围和停电时间的准确性。因停电计划变更、设备突发故障或缺陷等原因导致停电区域、作业内容、作业环境发生变化时，根据实际情况重新组织现场勘察。

2. 勘察人员

Ⅰ、Ⅱ级检修现场勘察由地市级单位设备管理部门组织开展，Ⅲ级检修现场勘察由县公司级单位组织开展，Ⅳ、Ⅴ级检修由工作负责人或工作票签发人组织开展，运维单位和作业单位相关人员参加（邻近带电设备的起重作业，起重指挥和司机应一同参加）。省电科院、设备厂家、设计单位（如有）、监理单位（如有）相关人员必要时参加。

3. 勘察内容

现场勘察时，应仔细核对检修设备台账，核查设备运行状况及存在缺陷，梳理技改大修、隐患治理等任务要求，分析现场作业风险及预控措施，并对作业风险分级的准确性进行复核。涉及特种车辆作业时，还应明确车辆行驶路线、作业位置、作业边界等内容。

4. 勘察记录

现场勘察完成后，应采用文字、图片或影像等方式规范填写勘察记录，明确停电范围、保留带电设备、作业现场环境、危险点及预控措施等关键要素，为检修方案编制提供依据。

（二）直流现场作业现场勘察

1. 勘察原则

Ⅰ～Ⅲ级检修必须开展现场勘察，Ⅳ、Ⅴ级检修根据作业内容必要时开展现场勘察。作业环境复杂、高风险工序多的检修，还应在项目立项、检修计划申报前开展一次前期勘察，确保项目内容、停电范围和停电时间的准确性。因停电计划变更、设备突发故障或缺陷等原因导致停电区域、作业内容、作业环境发生变化时，根据实际情况重新组织现场勘察。

2. 勘察人员

Ⅰ、Ⅱ级检修现场勘察由超高压公司（直流公司）设备管理部门组织开展，Ⅲ级检修现场勘察由换流站组织开展，Ⅳ、Ⅴ级检修由工作票签发人或工作负责人组织开展。施工单位、设备厂家、设计单位（如有）、省电科院（必要时）参与。

3. 勘察内容

现场勘察时，应仔细核对检修设备台账，核查设备运行状况及存在缺陷，梳理技改、大修、反措等任务要求，分析现场作业风险及预控措施，并对作业风险分级的准确性进行复核。涉及特种车辆作业时，还应明确车辆行驶路线、作业位置、作业边界等内容。对邻近带电设备的起重作业应组织起重指挥、司机参与勘察。

4. 勘察记录

现场勘察完成后，应采用文字、图片或影像等方式规范填写勘察记录，明确停电范围、临近保留带电设备、危险点及预控措施等关键要素，为检修方案编制提供依据。

（三）输电现场作业现场勘察

严格细致开展现场勘察，全面掌握检修设备状态、现场环境和作业需求，提前辨识现场风险，切实提高项目立项、计划申报和检修方案编制的精准性。

1. 勘察原则

Ⅲ级及以上作业风险检修工作前必须开展现场勘察，Ⅳ～Ⅴ级作业风险检修工作根据作业内容必要时开展现场勘察。对于作业环境复杂、高风险工序多的检修，还应在项目立项、计划申报前开展一次前期勘察。

因停电计划变更、设备突发故障或缺陷等原因导致停电区域、作业内容、作业环境发生变化时，根据实际情况重新组织现场勘察。

2. 勘察人员

Ⅰ级作业风险检修现场勘察由市公司设备管理部门监督开展、工作票签发人或工作负责人实施，Ⅱ级作业风险检修现场勘察由设备运维单位监督开展、工作票签发人或工作负责人实施，Ⅲ～Ⅴ级作业风险检修由工作票签发人或工作负责人组织开展、实施。施工单位、设备厂家、设计单位（如有）、省电科院（必要时）参与。

3. 勘察内容

现场勘察时，应仔细核对检修设备台账，核查设备运行状况及存在缺陷，梳理技改、大修、反措等任务要求，分析现场作业风险及预控措施，并对检修分级的准确性进行复核。涉及特种车辆作业时，还应明确车辆行车路线、作业位置、作业边界等。

4. 勘察记录

现场勘察完成后，应采用文字、图片或影像相结合的方式规范填写勘察记录，明确停电作业范围、与临近带电设备的距离、危险点及预控措施等关键要素，作为检修方案编制的重要依据。

（四）配电现场作业现场勘察

1. 勘察原则

（1）所有纳入配网生产业务风险管控表的检修作业都应开展现场勘察，现场勘察应由该项作业工作票签发人或工作负责人组织，设备运维单位（用户单位）和检修（施工）单位相关人员参加。对涉及配网多专业、多部门、多单位的作业项目，应由项目主管部门、单位组织相关人员共同参与。

（2）开工前，工作负责人或工作票签发人应重新核对现场勘察情况，发现与原勘察情况有变化时，应及时修正、完善相应的安全措施。当作业风险提高时，应重新制订检修计划、编制检修方案。

（3）因恶劣天气、自然灾害、市政保电等各类原因导致停电计划变更，或设备突发故障或缺陷等原因导致停电范围、作业内容、作业环境及作业方式发生变化时，根据实际情况重新组织现场勘察。

（4）现场勘察应重点关注作业风险点，同时以“减少停电时户数”为目标，同步勘察带电作业或中（低）压发电车作业的可行性。

2. 勘察人员

（1）Ⅱ级风险作业项目检修现场勘察由地市公司运维管理部门组织开展，检修（施工）单位（含带电作业）、设备运维单位、安全监督部门及其他相关配合单位分管负责人及管理人员共同参与，必要时省公司专业管理部门、安监部门派员参加，并做好勘察记录。

（2）Ⅲ级风险作业项目检修现场勘察由县级公司运维管理部门组织开展，检修（施工）单位（含带电作业）工作负责人、设备运维班组长（所长）、安全监督部门及其他相关配合单位相关人员共同参与。必要时地市公司运维管理部门、安全监督部门派员参加，并做好勘察记录。

（3）Ⅳ级、Ⅴ级风险作业项目检修现场勘察由工作票签发人或工作负责人组织开展，检修（施工）单位（含带电作业）工作负责人、设备运维人员共同参与，必要时其他单位等相关人员参加，应急抢修等特殊时段可根据需要提级开展。

3. 勘察内容

（1）需要停电的范围：作业过程中需要直接接触的电气设备；作业过程中人员、机具、材料可能触及或接近，导致安全距离不满足规程要求的电气设备。

（2）保留的带电部位：临近、交叉、跨越等不需要停电的电气设备；用户多路电源，并网小水电（火）及光伏发电、自备电源和低压电源有反送电可能的线路。

（3）作业现场条件：接地线装设位置；人员、机械、材料、车辆等进出通道与停放位置；地下管沟、工作井、隧道等有限空间状况；作业现场是否具备带电作业条件。

（4）作业现场环境：跨越铁路、公路、航道、电力、通信，穿越森林草原等线路状况；作业过程对交通、构筑物、绿化、人员、易燃易爆区域等影响状况。分析现场作业危险点风险，制定风险预控措施，并对作业风险分级的准确性进行确认。涉及动火、有限空间、水下等特殊环境作业时，应采取专项管控措施。

（5）涉及电缆作业勘察时，应充分参考配电电缆与通道精益化管理系统数据台账，查勘通道路径、孔洞使用情况，完善作业方案。

（6）穿越森林草原线路通道宜使用配网无人机同步进行现场勘察，核查作业范围设备是否存在重大隐患。

4．勘察记录

（1）现场勘察完成后，应采用文字、图片或影像相结合的方式规范填写勘察记录，明确作业方式、危险点及预控措施等关键要素，并由所有参与现场勘察人员签字确认，作为检修方案编制的重要依据。

（2）Ⅱ级风险作业项目勘察记录应一式三份，分别由县级以上公司运维管理部门、项目管理单位及项目实施单位留存归档。

（3）Ⅲ级风险作业项目勘察记录应一式二份，分别由县级以上公司项目管理单位及项目实施单位留存归档。

（4）Ⅳ、Ⅴ级风险作业项目勘察记录由项目实施单位留存归档。

（5）带电作业现场勘察后应执行“三张照片”要求，即勘察人员应留存带电作业现场“点位远景照”“点位近景照”和“作业部位照”影像资料。

（五）变电倒闸操作现场作业现场勘察

1. 勘察原则

Ⅰ级风险倒闸操作、Ⅱ级风险变电站全停或设备启动投运操作，必须组织现场勘察，Ⅲ级及以下风险非典型操作（现场典型操作票不涵盖的操作）必要时开展现场勘察。其中，Ⅰ、Ⅱ级风险倒闸操作的现场勘察由县公司级单位组织开展。Ⅲ级及以下风险非典型操作任务现场勘察由运维班组织实施。因停电计划变更、设备突发故障或缺陷等原因导致停电区域、作业内容、作业环境发生变化时，根据实际情况重新组织现场勘察。

2. 勘察人员

现场勘察由班组长安排运维值班人员执行执行，必要时由县公司级单位选派检修、保护等专业技术人员参与。

3. 勘察内容

勘察人员应认真核对倒闸操作范围内设备设施运行状态、隐患、缺陷、保护及安全自动装置（压板）投退范围等信息。

4. 勘察记录

应将特殊运行方式、设备特殊状态、存在的隐患或缺陷等记录清楚。

（六）直流倒闸操作现场作业现场勘察

1. 勘察原则

Ⅰ级风险倒闸操作、Ⅱ级风险直流启停或接线方式转换操作，Ⅲ级及以上风险非典型操作，必须组织现场勘察。其中，Ⅰ级、Ⅱ级风险倒闸操作的现场勘察由换流站负责人或管理人员组织开展。Ⅲ级及以下风险非典型操作任务现场勘察由运维班组织实施。

2. 勘察人员

勘察人员包括运维值长、监护人、操作人，必要时由勘察组织部门选派检修、保护等专业技术人员参与。勘察人员应认真核对倒闸操作范围内设备设施运行状态、隐患、缺陷、保护及安全自动装置（压板）投退范围等信息。

3. 风险预控措施卡

（1）Ⅰ、Ⅱ级风险倒闸操作，换流站应根据现场实际情况和风险库，组织编制风险预控措施卡。

（2）Ⅲ、Ⅳ级风险和除拉合单一断路器外的Ⅴ级风险倒闸操作，运维班应组织编制预控措施卡，经换流站负责人或管理人员审核后实施。

（3）参与倒闸操作的人员均需参加，确保人人掌握操作风险点及预控措施。

第五节　评估定级

风险评估是对企业整体或局部的风险程度做定量或者定性的估测，评价风险等级，确定可接受的风险等级标准，为持续改进提供科学依据。

按照生产环境、机具与防护、人员素质、现场作业、安全生产综合管理，以及企业整体、专业等范围确定评估对象，针对评估对象的特性，对风险识别、各种监督检查工作收集的风险数据进行统计、分析、处理，对易于测算的采取定量方式，不易定量的采取定性方式，并遵循客观性、导向性、可测性的原则对综合性评估对象的不同范畴赋予不同的权重，估测评估对象的风险程度。根据安全生产的实际情况和管理要求，确定可接受的风险等级标准。

一、风险分级

作业风险根据不同类型工作可预见安全风险的可能性、后果严重程度，从高到低分为一到五级。

（1）一级风险：指作业过程存在极高的安全风险，即使加以控制仍可能发生人身重伤或死亡事故。

（2）二级风险：指作业过程存在很高的安全风险，不加控制容易发生人身死亡事故。

（3）三级风险：指作业过程存在较高的安全风险，不加控制可能发生人身重伤或死亡事故。

（4）四级风险：指作业过程存在一定的安全风险，不加控制极有可能发生人身轻伤事件。

（5）五级风险：指作业过程存在较低的安全风险，不加控制有可能发生未遂人身安全事件。

作业风险定级应以每日作业计划为单元进行，同一作业计划（日）内包含多个工序、不同等级风险工作时，按就高原则确定。

一级风险作业不得直接实施，必须通过组织、技术措施降为二级及以下风险后方可实施。遇有恶劣天气、连续工作超 8 小时、夜间作业等情况宜提高风险等级进行管控。

二、风险评估

风险识别（现场勘察）完成后，编制“三措”、填写“两票”前，应围绕作业计划，针对作业存在的危险因素，全面开展风险评估定级。评估出的危险点及预控措施应在“两票”“三措”等中予以明确。作业风险评估定级一般由工作票签发人或工作负责人组织，涉及多专业、多单位共同参与的大型复杂作业，应由作业项目主管部门、单位组织开展。设备改进、革新、试验、科研项目作业，应由作业单位组织开展风险评估。

风险评估应针对触电伤害、高处坠落、物体打击、机械伤害、特殊环境作业、误操作等方面存在的危险因素，全面开展评估（见附录 B）。

经现场勘察，由于作业环境、设备状况等因素，导致现场管控措施无法实施的二、三级风险作业即构成一级风险作业，待具备条件后方可作业。

三、承载力分析

地市公司级单位、县公司级单位应利用月度计划平衡会、周安全生产例会统筹开展所属单位、二级机构承载力分析工作。二级机构应利用周安全生产例会、班组应利用周安全日活动，开展作业承载力分析工作，保证作业安排在承载力范围内。

1. 各单位、二级机构承载力分析内容

可同时派出的班组数量。

派出班组的作业能力是否满足作业要求。

多专业、多班组、多现场间工作协调是否满足作业需求。

2. 作业班组承载力分析内容

可同时派出的工作组和工作负责人数量。每个作业班组同时开工的作业现场数量，不得超过工作负责人数量。

作业任务难易水平、工作量大小。

安全防护用品、安全工器具、施工机具、车辆等是否满足作业需求。

作业环境因素（地形地貌、天气等）对工作进度、人员配备及工作状态造成的影响等。

3. 作业人员承载力分析内容

作业人员身体状况、精神状态以及有无妨碍工作的特殊病症。

作业人员技能水平、安全能力。技能水平可根据其岗位角色、是否担任工作负责人、本专业工作年限等综合评定。安全能力应结合《电力安全工作规程》考试成绩、人员违章情况等综合评定。

各级单位应积极推进承载力量化分析工作，提升作业计划和工作安排的科学化、规范化管理水平。

四、典型风险

作业风险定级参照《国家电网有限公司作业安全风险管控工作规定》《国家电网有限公司输变电工程施工安全风险管理规程》《变电现场作业风险管控实施细则（试行）》《直流现场作业风险管控实施细则（试行）》《输电现场作业风险管控实施细则（试行）》《配电现场作业风险管控实施细则（试行）》《变电倒闸操作现场作业风险管控实施细则（试行）》《直流倒闸操作现场作业风险管控实施细则（试行）》风险定级要求执行。

迁改工程施工作业参照上述对应专业风险定级要求执行。

第六节　管控措施制定

作业风险评估定级完成后，工作负责人应根据作业类型、作业内容或现场勘察情况、风险评估定级的内容，制定风险控制措施。

作业风险管控措施由作业班组、相关专业管理部门和单位分级策划制定，并经逐级审批后执行。

（1）四、五级风险作业，风险管控措施应由二级机构组织审核；工程施工作业由施工项目部审核。

（2）三级风险作业，风险管控措施应由地市级单位专业管理部门组织审核；工程施工作业由业主项目部审核。

（3）二级风险作业，风险管控措施应由地市级单位分管领导组织审核；工程施工作业由建设管理单位专业管理部门组织审核。

省公司级单位专业管理部门对本专业二级风险作业进行备案和审查。

因现场作业条件变化引起风险等级调整的，应重新履行识别、评估、定级和管控措施制定审核等工作程序。

工作负责人应将现场勘察记录、三措、工作票、危险点分析和控制措施等作业准备情况上传至安全风险管控监督平台。

一、编制“三措”

三级及以上风险作业应编制“三措”（施工组织设计）；涉及多专业、多单位的作业项目，应由项目主管部门、单位组织相关人员编制。“三措”内容包括任务类别、概况、时间、进度、需停电的范围、保留的带电部位及组织措施、技术措施和安全措施。

“三措”应分级管理，经作业单位、监理单位（如有）、设备运维管理单位、相关专业管理部门、分管领导逐级审批，严禁执行未经审批的“三措”。

二、危险点分析

开展危险点分析是从科学上把握生产活动中发生事故的原因、分析运行操作、检修和施工作业中物与人、物与物、人与人之间的不安全因素。

针对作业项目存在的危险点（风险因素），逐项制定控制措施。危险点分析要做到全员参加，进行全过程有针对性的分析，找出危险点，并提出防范措施。危险点分析必须由工作负责人组织进行。

分析要点包括：

（1）工作场地的特点，如高处作业、挖坑、杆塔组立、紧线撤线、带电作业、临近带电作业、交叉作业等，可能给作业人员带来的危险因素。

（2）工作环境的情况，如高温、高压、易燃、易爆、辐射、有毒有害气体、缺氧等，可能给工作人员安全健康造成的危害。

（3）工作中使用的机械、设备、工具、安全工具等可能给工作人员带来的危害或设备异常。

（4）操作程序工艺流程的颠倒、操作方法的失误、安全遮栏、标示牌的设置可能给工作人员带来的危害或设备异常。

（5）工作人员当时的身体状况不适、思想情绪波动、不安全行为、技术水平能力不足等可能给工作人员带来的危害或设备异常。

（6）其他可能给工作人员带来危害或造成设备异常的不安全因素。

三、“两票”填写

在电气设备上及相关场所的工作，应填用工作票、倒闸操作票，明确工作范围、内容、流程、术语、安全措施等内容。

作业单位应根据现场勘察、风险评估结果，由工作负责人或工作票签发人填写工作票。

承发包工程宜由作业单位人员担任工作负责人，若设备运维管理单位认为有必要，可派人担任工作负责人或增派专人监护。

生产厂家、外协服务等人员参加现场作业，应由设备运维管理单位人员担任工作负责人，执行相应工作票。

作业班组每月应对所执行的“两票”进行整理汇总，按编号统计、分析。二级机构每季度至少对已执行的“两票”进行检查并填写检查意见。地市公司级单位、县公司级单位每半年至少抽查调阅一次“两票”。省公司级单位每年至少抽查调阅一次“两票”。

各级单位应分析“两票”存在问题，及时反馈，制定整改措施，建立定期通报制度。

第七节　作业风险管控督查例会

各单位应围绕作业计划，以专业管理为核心，依托各级各类专业工作和安全例会，分层分级构建作业风险分析预控和监督工作机制，强化作业组织管理，规范开展作业风险分析辨识、评估定级及管控措施督促执行等工作。

省公司、地市公司级单位按周组织作业风险管控工作督查会议，对所属单位作业风险管控工作情况进行督查。

省公司级单位每周由副总师及以上负责同志主持、安监部门牵头召开督查会议，对本单位作业风险管控情况，各专业二级及以上作业风险评估定级、管控措施制定等进行督查。

地市级单位每周由副总师及以上负责同志主持、安监部门牵头召开督查会议，对本单位作业风险管控情况，各专业三级及以上作业风险评估定级、管控措施制定等进行督查。

第八节　风险公示告知

地市（县）公司级单位、二级机构按照“谁管理、谁公示”的原则，以审定的作业计划、风险等级、管控措施为依据，每周日前对本层级（不含下层级）管理的下周所有作业风险进行全面公示。

风险公示内容应包括作业内容、作业时间、作业地点、专业类型、风险等级、风险因素、作业单位、工作负责人姓名及联系方式、到岗到位人员信息等。

地市（县）公司级单位作业风险内容由安监部门汇总后在本单位网页公告栏内进行公示，各工区、项目部等二级机构均应在醒目位置张贴作业风险内容。

各单位、专业、班组应充分利用工作例会、班前会等，逐级组织交待工作任务、作业风险和管控措施，并通过移动作业 APP 从上至下将“四清楚”（作业任务清楚、作业流程清楚、危险点清楚、安全措施清楚）任务传达到岗、到人。

第九节　现场风险管控

现场风险管控是指辨识作业现场存在的危险源，有针对性地落实预防措施，控制作业违章、误操作、人身伤害等安全风险，保障作业全过程的安全。工作负责人需携带工作票、现场勘察记录、“三措”等资料到作业现场。工作负责人到达现场后，应提前做好准备工作。

一、现场作业人员安全要求

（1）核实作业必需的个人安全防护用品，确保合格有效。

（2）核实特种作业人员及特种设备操作人员是否持证上岗。开工前，工作负责人应对特种作业人员及特种设备操作人员交待安全注意事项，指定专人监护。特种作业人员及特种设备操作人员不得单独作业。

（3）核实作业人员是否具备安全准入资格，并录入安全风险管控监督平台。

（4）按要求装设视频监控终端等设备，并通过移动作业 APP 与作业计划关联。

（5）工作许可人、工作负责人共同做好现场安全措施的布置、检查及确认等工作，必要时进行补充完善，并做好相关记录。安全措施布置完成前，禁止作业。

二、安全工器具和施工机具安全要求

（1）核实作业必需的施工机具、安全工器具，确保合格有效。严禁使用损坏、变形、有故障或未经检验合格的施工机具、安全工器具。

（2）特种车辆及特种设备应经具有专业资质的检测检验机构检测、检验合格，取得安全使用证或者安全标志后，方可投入使用。

三、作业过程风险管控

作业过程中，各级专业管理部门、安监部门应采取管理措施加强风险管控。工作负责人办理工作许可手续后，组织全体作业人员整理着装，统一进入作业现场，召开班前会进行安全交底，列队宣读工作票，交待工作内容、人员分工、带电部位、安全措施和技术措施，进行危险点及安全防范措施告知，抽取作业人员提问无误后，全体作业人员确认签字，并应用移动作业 APP 留存工作许可、安全交底录音或影像等资料。

现场作业过程中，运维人员应根据工作任务、设备状况及电网运行方式，分析倒闸操作过程中的危险点并制定防控措施。工作许可人应审查工作票所列安全措施正确完备性，检查工作现场布置的安全措施是否完善（必要时予以补充）和检修设备有无突然来电的危险。会同工作负责人检查现场安全措施布置情况，指明实际的隔离措施、带电设备的位置和注意事项，证明检修设备确无电压，并在工作票上分别确认签字。电话许可时由工作许可人和工作负责人分别记录双方姓名，并复诵核对无误。工作票签发人或工作负责人对有触电危险、施工复杂容易发生事故等作业，应增设专责监护人，佩戴明显标识，确定被监护的人员和监护范围。

现场作业过程中，工作负责人、专责监护人应始终在作业现场，严格执行工作监护和间断、转移等制度，做好现场工作的有序组织和安全监护，及时纠正不安全的行为，应用移动作业 APP 检查和记录现场安全措施落实情况。

到岗人员应严格执行到岗到位要求，按照“谁主管谁负责、管业务必须管安全”的原则，明确到岗到位标准和工作内容，实行分层分级管理。对重点（但不限于）作业现场工作到岗到位。到岗到位工作应避免多部门、多专业到岗人员在较短周期内对同一基层单位、工作班组、作业现场重复开展督导检查。到岗人员应根据实际情况，采取计划和“四不两直”等方式，对现场作业任务进行全过程或关键时段、重要环节以及承担作业任务的基层单位和班组，应用移动作业 APP 开展到岗到位督导检查。到岗到位人员对发现的问题应立即责令整改，并向工作负责人反馈检查结果。

1. 到岗到位标准

各级单位应建立健全生产作业到岗到位管理制度，明确到岗到位标准和工作内容，实行分层分级管理。

二级风险作业，相关地市级单位或建设管理单位分管领导或专业管理部门负责人应到岗到位；省公司级单位专业管理部门应按有关规定到岗到位。

三级风险作业，相关地市级单位或建设管理单位专业管理部门、县公司级单位负责人或管理人员应到岗到位。

输变电工程到岗到位要求按照《国家电网有限公司输变电工程建设安全

管理规定》执行。

生产现场作业到岗到位要求按照《变电现场作业风险管控实施细则（试行）》《直流现场作业风险管控实施细则（试行）》《输电现场作业风险管控实施细则（试行）》《配电现场作业风险管控实施细则（试行）》《变电倒闸操作现场作业风险管控实施细则（试行）》《直流倒闸操作现场作业风险管控实施细则（试行）》执行。

2. 到岗到位工作重点

检查“两票”“三措”执行及现场安全措施落实情况。

安全工器具、个人防护用品使用情况。

大型机械安全措施落实情况。

作业人员不安全行为。

安全文明施工。

第三章

安全督查工作标准

第一节 通用部分安全督查标准

一、管住计划

（一）作业计划

1. 督查方法

依据《国家电网有限公司作业安全风险管控工作规定》（国网安监二〔2021〕26号）的相关规定对作业计划进行检查。

《国家电网有限公司作业安全风险管控工作规定》（安监二〔2021〕26号）

第十四条 生产作业、营销作业、输变电工程、配（农）网建设、迁改工程施工、信息通信作业，以及送变电公司和省管产业单位承揽的外部建设项目施工均应纳入作业计划管控，严禁无计划作业。

第十七条 作业计划实行刚性管理，禁止随意更改和增减作业计划，确属特殊情况需追加或者变更作业计划，应按专业要求履行审批手续后方可实施。

2. 督查重点

查现场实际作业内容、工作票所列工作内容与周、日作业计划是否一致。

查计划是否合理、变更是否履行相应手续。

（二）现场勘察

1. 督查方法

依据《国家电网有限公司作业安全风险管控工作规定》（国网安监二〔2021〕26号）的相关规定开展现场勘察。

《国家电网有限公司作业安全风险管控工作规定》（安监二〔2021〕26号）

第十九条　对需要现场勘察的典型作业项目，一般应由工作负责人或工作票签发人组织，设备运维管理单位和作业单位相关人员参加。

（一）承发包工程作业应由项目主管部门、单位组织，设备运维管理单位和作业单位共同参与。

（二）对涉及多专业、多单位的大型复杂作业项目，应由项目主管部门、单位组织相关人员共同参与。

（三）输变电工程现场勘察参照《国家电网有限公司输变电工程施工安全风险管理规程》执行。

第二十条　现场勘察应包括：工作地点需停电的范围，保留的带电部位，作业现场的条件、环境及其他危险点、需要采取的安全措施，附图及说明等内容。现场勘察应填写现场勘察记录，并作为作业风险评估定级、工作票签发人、工作负责人及相关各方编制“三措”和填写、签发工作票（纸质或数字票）的依据。

2. 督查重点

查是否按规定组织开展现场勘察。

查勘察记录的规范性、针对性，是否符合现场实际情况。

（三）风险定级

1. 督查方法

依据《国家电网有限公司作业安全风险管控工作规定》（国网安监二〔2021〕26号）和《国家电网有限公司输变电工程施工安全风险识别、评估及预控措施管理办法》[国网（基建/3）176—2019] 中第十五条“作业层班组职责”、第十七条“施工安全风险作业复测评估”的相关规定，对风险定级进行检查。

> 《国家电网有限公司作业安全风险管控工作规定》（安监二〔2021〕26号）
>
> 第二十二条 作业风险根据不同类型工作可预见安全风险的可能性、后果严重程度，从高到低分为一到五级。作业风险定级应以每日作业计划为单元进行，同一作业计划（日）内包含多个工序、不同等级风险工作时，按就高原则确定。
>
> 第二十三条 生产作业、配（农）网工程施工作业、营销作业参照典型生产作业风险定级库进行风险定级；输变电工程按照《国家电网有限公司输变电工程施工安全风险管理规程》执行；迁改工程施工作业参照上述对应专业风险定级要求执行。

2. 督查重点

查作业安全风险定级是否准确。

二、管住队伍

（一）三个项目部机构设置

1. 督查方法

依据《国家电网有限公司业主项目部标准化管理手册》《国家电网有限公司监理项目部标准化管理手册》《国家电网有限公司施工项目部标准化管理手册（2021年版）》（第一部分业主、监理、施工项目部设置）、《国家电网有限公司10（20）kV及以下配电网工程监理项目部标准化管理手册》《国家电网有限公司10（20）kV及以下配电网工程施工项目部标准化管理手册》《国家电网有限公司10（20）kV及以下配电网工程业主项目部标准化管理手册（2019版）》的相关规定，检查三个项目部机构成立文件、人员资质及到位情况。

2. 督查重点

查人员配置是否齐全，人员资质是否符合要求，是否到位。

（二）队伍准入

1. 督查方法

依据《国家电网有限公司业务外包安全监督管理办法》（国网安监二〔2021〕26号）中第六章“进场前登记交底核查”和《国家电网有限公司输变电工程施工分包安全管理办法》[国网（基建/3）181—2019]的相关规定，检查核对核心分包队伍信息、负面清单、黑名单、队伍资质、分包合同、安全协议。

《国家电网有限公司输变电工程施工分包安全管理办法》[国网（基建/3）181—2019]

第四条 分包必须依据国家法律法规和本办法进行。严禁违法分包、转包，禁止无资质队伍采取资质借用、挂靠等手段参与分包；禁止施工承包商以包代管、以罚代管。有关工程违法分包、转包、挂靠的认定依据国家有关法律法规规定。

第十五条 按省级公司为单元开展输变电工程建设备选分包商名录管理，由省级公司定期在公司提供的统一平台上进行发布；备选分包商名录分为专业分包商和劳务分包商，其中劳务分包商又划分为核心劳务分包商和其他劳务分包商。

第十六条 进入备选分包商名录的分包商在资质条件、业绩和能力、商誉等方面应满足以下基本条件：

（一）分包商资质必须符合国家建筑业企业资质管理规定的相关要求；

（二）必须符合安全生产许可管理要求；

（三）未处于被政府或监管机构认定不具备相关资格状态；

（四）实际施工人及进入作业现场的分包主要人员具有类似工程业绩，具备与分包形式相适应的施工安全质量管理能力；

（五）有相对稳定的施工作业队伍和特种作业人员；

（六）专业分包商应具有保障分包工程施工安全和质量的机械、工器具、计量器具、安全防护设施和用具；

（七）近三年内所承包的工程未发生四级及以上安全、质量事故（件）；

（八）具有良好的财务状况、商誉和履约能力。

第十七条　需要取得国家能源监管部门颁发的承装电力设施许可证的分包作业，分包商必须同时具备相应的承装电力设施许可证。

2. 督查重点

查现场作业队伍是否在黑名单、负面清单有效期内。

基建施工检查分包队伍是否在核心分包队伍名单内。

（三）队伍资质

1. 督查方法

依据《国家电网有限公司业务外包安全监督管理办法》（国网安监二〔2021〕26号）的相关规定，核查外包队伍的资质、合同、协议、分包合规情况，核查队伍资质与承揽工程相符情况。

《国家电网有限公司业务外包安全监督管理办法》（国网安监二〔2021〕26号）

第三章　安全资信报备

第十二条　公司实行承包单位资信报备制度。承包单位在参与外包项目采购活动前，报备企业安全资信（企业资质、业务资质、安全生产许可证等）及其法定代表人、项目负责人（项目经理）的安全资信（身份证、社保缴纳证明、资格证书等）。

第二十条　发包单位应对外包项目的承包单位明确提出安全资信要求和安全条件，并进行审查。

第二十一条　外包项目确定承包单位后，发包单位应与承包单位依法签订承包合同及安全协议。安全协议中应具体规定发包单位和承包单位各自应承担的安全责任和评价考核条款，由发包单位安监部门审核。

第二十二条　承包合同应具体明确外包项目内容、外包类型以及承包单位项目负责人、项目专（兼）职安全生产管理人员等基本信息。

第二十三条　建设工程施工类外包的承包合同，应明确承包单位需自行完成的主体工程或关键性工作，禁止承包单位将主体工程或关键性工作违规分包。

第二十四条　劳务外包或劳务分包的承包合同，应明确承包单位需自行完成劳务作业，承包单位不得再次外包。

第三十六条　进场施工作业前，发包单位应依据承包合同、安全协议及承包项目的登记信息，对承包单位进场人员及相关设备进行核查，不满足承包合同及安全协议有关条款规定的，与承包项目的登记信息不一致的，不得允许进场。

2. 督查重点

查现场作业队伍的企业资质、业务资质、安全资质与承揽业务是否相符，是否规范签订分包合同、安全协议。

（四）作业层班组

1. 督查方法

依据《国家电网有限公司关于全面推进输变电工程施工作业层班组标准

化建设的通知》（国家电网基建〔2019〕517 号）附件《输变电工程施工作业层班组标准化建设示范手册（试行）》中班组建设标准的相关规定，检查作业层班组配置、标准化建设情况。

2. 督查重点

查作业层班组标准化建设是否符合要求，班组配置是否满足施工需要，骨干人员是否到位。

（五）身份核实

1. 督查方法

依据《国家电网有限公司业务外包安全监督管理办法》（国网安监二〔2021〕26 号）和《国家电网有限公司输变电工程施工分包安全管理办法》[国网（基建 /3）181—2019] 的相关规定，现场核查作业人员实名制身份。

《国家电网有限公司业务外包安全监督管理办法》（国网安监二〔2021〕26 号）

第三十六条

（一）核查承包单位进场项目负责人、项目专（兼）职安全生产管理人员、特种作业人员及其他作业人员的劳动合同、身份信息、执业资格、持证上岗、人证相符、安全培训、准入考试、体检证明、工伤保险和意外伤害保险办理等情况。

第四十一条　承包单位进场施工人员应保持稳定，项目负责人、项目专职安全生产管理人员、特殊工种人员等核心人员变动必须报发包单位批准，并同步更新登记信息。

《国家电网有限公司输变电工程施工分包安全管理办法》[国网（基建 /3）181—2019]

第三条　分包安全管理遵循“谁发包谁负责、谁主管谁监督、统一平台实名制管理”的原则。施工承包商落实分包安全管理的主体责任，对劳务分包人员实行统一管理，统一标准、统一培训、统一奖惩。施工承包商的上级主管部门负责监督管理，公司建立统一信息平台，对入场的每一位分包人员进行实名制管理。

第二十三条 施工企业应严格按照本单位分包商选择制度开展分包选择工作。施工企业在择优选用核心劳务分包队伍时，应提供核心劳务分包人员配置清单，作为施工劳务分包合同的附件。对于超出其承载力且无法提供有效核心劳务分包人员配置的，一律不得选用。

第三十五条 公司实行不良分包人员管理制度。对于有不当行为、不服从管理、严重违章或违章计分超过 12 分的分包人员，认定为不良分包人员。不良分包人员在解除前，不得在公司系统各单位管理或参建项目中使用。

2. 督查重点

查现场作业人员是否为作业队伍所属人员。

三、管住人员

（一）查作业人员准入

1. 督查方法

依据《国网安委办关于推进“四个管住”工作的指导意见》（国网安委办〔2020〕23 号）中“管住人员”的规定，对作业人员和系统准入情况进行检查。

《国网安委办关于推进“四个管住”工作的指导意见》（国网安委办〔2020〕23 号）

（三）“管住人员”

1. 人员准入。依托安全风险管控监督平台等信息系统，动态建立作业人员名册，全面实行实名制管理。在进场作业前，对所有作业人员严格实施安全准入考试、资格能力审查，坚决防止安全意识不强、安全记录不良、能力不足的人员进入施工现场，严防作业人员盲目作业。

2. 督查重点

查现场作业人员（含主业、省管产业、分包人员、厂家配合人员）是否经安全风险管控监督平台准入考试合格，人员信息是否有效。

（二）查作业负责人

1. 督查方法

依据《国家电网公司电力安全工作规程 变电部分》（Q/GDW 1799.1—2013）中“工作票所列人员的基本条件”的有关规定，对工作负责人的履责情况进行检查。

《国家电网公司电力安全工作规程 变电部分》（Q/GDW 1799.1—2013）

6.3.10.3 工作负责人（监护人）应是具有相关工作经验，熟悉设备情况和本规程，经工区（车间，下同）批准的人员。工作负责人还应熟悉工作班成员的工作能力。

6.5.1 工作许可手续完成后，工作负责人、专责监护人应向工作班成员交待工作内容、人员分工、带电部位和现场安全措施，进行危险点告知，并履行确认手续，工作班方可开始工作。工作负责人、专责监护人应始终在工作现场，对工作班人员的安全认真监护，及时纠正不安全的行为。

2. 督查重点

查检修或施工作业负责人是否经本单位批准，书面公布。

查检修或施工作业负责人是否在作业现场。

查检修或施工作业负责人是否掌握本班组人员、作业计划、现场各作业点的作业情况。

（三）查工作班成员

1. 督查方法

依据《国家电网公司电力安全工作规程 变电部分》（Q/GDW 1799.1—2013）的相关规定，现场督查、问询现场作业人员。

《国家电网公司电力安全工作规程 变电部分》（Q/GDW 1799.1—2013）

4.3 作业人员的基本条件

4.3.1 经医师鉴定，无妨碍工作的病症（体格检查每两年至少一次）。

4.3.2 具备必要的电气知识和业务技能，且按工作性质，熟悉本规程的相关部分，并经考试合格。

4.3.3 具备必要的安全生产知识，学会紧急救护法，特别要学会触电急救。

4.3.4 进入作业现场应正确佩戴安全帽，现场作业人员应穿全棉长袖工作服、绝缘鞋。

4.4 教育和培训

4.4.1 各类作业人员应接受相应的安全生产教育和岗位技能培训，经考试合格上岗。

4.4.2 作业人员对本规程应每年考试一次。因故间断电气工作连续三个月以上者，应重新学习本规程，并经考试合格后，方能恢复工作。

4.4.3 新参加电气工作的人员、实习人员和临时参加劳动的人员（管理人员、非全日制用工等），应经过安全知识教育后，方可下现场参加指定的工作，并且不得单独工作。

4.4.4 参与公司系统所承担电气工作的外单位或外来工作人员应熟悉本规程，经考试合格，并经设备运维管理单位认可，方可参加工作。工作前，设备运维管理单位应告知现场电气设备接线情况、危险点和安全注意事项。

6.3.11 工作票所列人员的基本条件

6.3.11.5 工作班成员：熟悉工作内容、工作流程，掌握安全措施，明确工作中的危险点，并在工作票上履行交底签名确认手续。正确使用施工器具、安全工器具和劳动防护用品。

2. 督查重点

查现场作业人员对工作任务、工作流程、危险点及安全措施等内容是否清楚。

查外来人员是否经过安全教育培训，考试合格。

（四）查特种作业人员

1. 督查方法

依据《国家电网有限公司特种设备安全管理办法（试行）》（国网安监三〔2021〕29号）和《国家电网公司生产作业安全管控标准化工作规范（试行）》（国家电网安质〔2016〕356号）的相关规定，现场督查、问询特种作业人员。

《国家电网有限公司特种设备安全管理办法（试行）》（国网安监三〔2021〕29号）

第十四条　特种设备作业人员应按照国家有关规定，经特种设备安全监督管理部门考核合格，取得统一格式的特种作业人员证书，方可从事相应的作业或管理工作。《特种设备作业人员证》应按期复审。

第十六条　特种设备使用单位应对特种设备作业人员进行特种设备安全教育和培训，保证特种设备作业人员具备必要的特种设备安全知识和作业技能。离岗达6个月以上的特种设备作业人员，应进行实际操作考核，并经确认合格后方可重新上岗作业。

第十七条　特种设备作业人员应持证上岗，作业时随身携带证件（复印件或电子证照），并自觉接受用人单位的安全管理和政府质量技术监督部门的监督检查。

《国家电网公司生产作业安全管控标准化工作规范（试行）》（国家电网安质〔2016〕356号）

4.5.1 b）特种作业人员及特种设备操作人员应持证上岗。开工前，工作负责人对特种作业人员及特种设备操作人员交待安全注意事项，指定专人监护。特种作业人员及特种设备操作人员不得单独作业。

2. 督查重点

核查特种作业人员是否持证上岗，特种作业资格证书是否定期复审。

四、管住现场

（一）班前会

1. 督查方法

依据《国家电网有限公司作业安全风险管控工作规定》（国网安监二〔2021〕26号）和《国家电网公司生产作业安全管控标准化工作规范（试行）》（国家电网安质〔2016〕356号）中“3.6 班前会”“4.3 许可开工”“4.4 安全交底”“4.9 班后会”的相关规定，检查工作负责人交底是否全面、有针对性，工作班成员签字情况。

《国家电网有限公司作业安全风险管控工作规定》（国网安监二〔2021〕26号）

第三十三条 各单位、专业、班组应充分利用工作例会、班前会等，逐级组织交待工作任务、作业风险和管控措施，并通过移动作业APP从上至下将“四清楚”（作业任务清楚、作业流程清楚、危险点清楚、安全措施清楚）任务传达到岗、到人。

2. 督查重点

查工作负责人是否履行安全交底手续，查工作班成员是否签字。

（二）作业人员

1. 督查方法

依据《国家电网公司电力安全工作规程 变电部分》（Q/GDW 1799.1—2013）中“4.3 作业人员的基本条件”“6.3.10 工作票所列人员的基本条件”“6.3.11 工作票所列人员的安全责任”等相关规定，查现场作业人员安全防护用品、安全工器具的使用情况，作业行为规范情况。

2. 督查重点

查作业人员安全帽、工作服、绝缘鞋等是否合格、规范。

查作业人员使用工器具是否规范。

（三）“两票”执行

1. 督查方法

依据《国家电网公司电力安全工作规程 变电部分》（Q/GDW 1799.1—2013）中“6.3 工作票制度”“5.3 倒闸操作”等相关规定,核查现场工作票（作业票）、操作票。

2. 督查重点

查工作票（作业票）、操作票填写是否完整、规范，所列安全措施是否满足要求。

查现场所做的安全措施是否与工作票（作业票）一致。

查应执行“双签发”“双许可”的工作票是否按现场实际情况执行。

查工作票（作业票）人员签字情况。

（四）“三措”、施工方案

1. 督查方法

依据《国家电网公司生产作业安全管控标准化工作规范（试行）》（国家

电网安质〔2016〕356号）中3.4“三措编制”和《国家电网有限公司电力建设安全工作规程 第1部分：变电》（Q/GDW 11957.1—2020）、《国家电网有限公司输变电工程建设安全管理规定》[国网（基建/2）173—2021]的相关规定，对照“三措”、施工方案问询现场工作负责人，核实管控措施执行情况。

《国家电网有限公司电力建设安全工作规程 第1部分：变电》（Q/GDW 11957.1—2020）

5.1.5 施工方案（含安全技术措施）编制完成并交底。

《国家电网有限公司输变电工程建设安全管理规定》[国网（基建/2）173—2021]

第六十六条 工程现场作业应落实施工方案中的各项安全技术措施。施工项目部应根据工程实际编制施工方案，完成方案报审批准后，组织交底实施。

第六十八条 对超过一定规模的危险性较大的分部分项工程的专项施工方案（含安全技术措施），施工单位应按国家有关规定组织专家进行论证、审查，施工单位按照审查意见修改完善后，经审批后由施工单位指定专人现场监督实施。

2. 督查重点

查“三措”、施工方案是否涵盖现场作业内容及安全要求。

查“三措”、施工方案编审批是否规范，需论证的方案是否进行专家论证。

查管控措施是否在现场严格执行。

（五）作业监护

1. 督查方法

依据《国家电网公司电力安全工作规程 变电部分》（Q/GDW 1799.1—2013）中“6.5 工作监护制度”的相关规定，现场检查监护人到位履责情况，询问监护人对工作班人员的安全交底情况。

2. 督查重点

查是否履行安全交底手续。

查是否依据现场的安全条件、施工范围等具体情况增设专责监护人。

查监护人是否监护到位、安全责任是否落实到位。

（六）安全工器具和施工机具

1. 督查方法

依据《国家电网有限公司电力安全工器具管理规定》（国网安监二〔2021〕26号）中有关安全工器具试验、使用、保管、检查和报废的过程管理要求，《国家电网有限公司电力建设起重机械安全监督管理办法》（国网安监二〔2021〕26号）中有关电力建设起重机械管理要求，及《国家电网公司电力安全工作规程 线路部分》（Q/GDW 1799.2—2013）、《国家电网有限公司电力建设安全工作规程 第2部分：线路》（Q/GDW 11957.2—2020）、《国家电网有限公司电力建设安全工作规程 第1部分：变电》（Q/GDW 11957.1—2020）的相关规定，进行现场检查安全工器具和施工机具情况。

《国家电网公司电力安全工作规程 线路部分》（Q/GDW 1799.2—2013）

14 施工机具和安全工器具的使用、保管、检查和试验

……

16.4.2.6 移动式电动机械和手持电动工具的单相电源线应使用三芯软橡胶电缆；三相电源线在三相四线制系统中应使用四芯软橡胶电缆，在三相五线制系统中宜使用五芯软橡胶电缆。连接电动机械及电动工具的电气回路应单独设开关或插座，并装设剩余电流动作保护器（漏电保护器），金属外壳应接地；电动工具应做到“一机一闸一保护”。

16.1.3 特种设备［锅炉、压力容器（含气瓶）、压力管道、电梯、起重机

械、场（厂）内专用机动车辆],在使用前应经特种设备检验检测机构检验合格，取得合格证并制订安全使用规定和定期检验维护制度。同时，在投入使用前或者投入使用后30日内，使用单位应当向直辖市或者设有区的市级特种设备安全监督管理部门登记。

《国家电网有限公司电力建设安全工作规程 第2部分：线路》（Q/GDW 11957.2—2020）

8.4 安全工器具：一般规定、个体防护装备、绝缘安全工器具、登高工器具。

《国家电网有限公司电力建设安全工作规程 第1部分：变电》（Q/GDW 11957.1—2020）

8.2 施工机械：一般规定、挖掘机、推土机、装载机、夯实机械、凿岩机、混凝土及砂浆搅拌机、混凝土搅拌站、混凝土泵送设备、混凝土泵车、磨石机、混凝土切割机、压光机、切断机、除锈机、调直机、弯曲机、电焊机、点焊机、对焊机、货物提升机、高空作业吊篮、机动翻斗车、电动升降平台、滤油机、真空泵、叉车、高架车、利用吊车作为支撑点的高处作业平台。

8.3 施工工器具：一般规定、千斤顶、钢丝绳、合成纤维吊装带、棕绳和化纤绳、起重滑车、卸扣、链条葫芦和手扳葫芦、电动工器具、砂轮机、切割机、台钻（钻床）、插入式振动器、电动弯管机、液压工器具、风动工器具、空气压缩机、其他工器具。

8.4 安全工器具：一般规定、个体防护装备、绝缘安全工器具、登高工器具。

2. 督查重点

查安全工器具、施工机具使用是否规范，外观、检验检测是否合格。

查电动工器具外壳是否接地、电源线是否完好、是否满足“一机一闸一保护”要求。

查特种车辆及特种设备是否检测、检验。

（七）视频监控

1. 督查方法

依据《国家电网有限公司作业安全风险管控工作规定》（国网安监二〔2021〕26号）的相关规定，进行现场检查视频监控情况。

《国家电网有限公司作业安全风险管控工作规定》（国网安监二〔2021〕26号）

第三十四条 作业开始前，工作负责人应提前做好准备工作。

（一）核实作业必需的工器具和个人安全防护用品，确保合格有效。

（二）核实作业人员是否具备安全准入资格、特种作业人员是否持证上岗、特种设备是否检测合格。

（三）按要求装设视频监控终端等设备，并通过移动作业 APP 与作业计划关联。

（四）工作许可人、工作负责人共同做好现场安全措施的布置、检查及确认等工作，必要时进行补充完善，并做好相关记录。安全措施布置完成前，禁止作业。

第三十五条 工作负责人办理工作许可手续后，组织全体作业人员开展安全交底，并应用移动作业 APP 留存工作许可、安全交底录音或影像等资料。

第三十七条 现场作业过程中，工作负责人、专责监护人应始终在作业现场，严格执行工作监护和间断、转移等制度，做好现场工作的有序组织和安全监护。工作负责人重点抓好作业过程中危险点管控，应用移动作业 APP 检查和记录现场安全措施落实情况。

第四十条 现场工作结束后，工作负责人应配合设备运维管理单位做好验收工作，核实工器具、视频监控设备回收情况，清点作业人员，应用移动作业APP做好工作终结记录。

2. 督查重点

查现场视频监控设备使用是否规范，是否覆盖全部作业点，是否应用风险管控移动作业APP。

（八）到岗到位

1. 督查方法

依据《关于规范领导干部和管理人员生产现场到岗到位工作的指导意见》（国家电网安质〔2018〕22号）、《国家电网有限公司作业安全风险管控工作规定》（国网安监二〔2021〕26号）、《输变电工程建设施工安全风险管理规程》（Q/GDW 12152—2021）中附件1、《国家电网有限公司关于进一步加强生产现场作业风险管控工作的通知》（国家电网设备〔2022〕89号）的相关规定，查到岗到位人员姓名、职务与要求是否一致，是否到位履责。

《国家电网有限公司作业安全风险管控工作规定》（国网安监二〔2021〕26号）

第三十八条　各级单位应建立健全生产作业到岗到位管理制度，明确到岗到位标准和工作内容，实行分层分级管理。

（一）三级风险作业，相关地市级单位或建设管理单位专业管理部门、县公司级单位负责人或管理人员应到岗到位。

（二）二级风险作业，相关地市级单位或建设管理单位分管领导或专业管理部门负责人应到岗到位；省公司级单位专业管理部门应按有关规定到岗到位。

（三）输变电工程到岗到位要求按照《国家电网有限公司输变电工程建设安全管理规定》执行。

2. 督查重点

查是否按照风险等级安排相应领导干部、管理人员到岗到位，现场到岗的人员是否与安排相一致。

（九）督查到位

1. 督查方法

依据《国家电网有限公司作业安全风险管控工作规定》（国网安监二〔2021〕26 号）、《国家电网有限公司现场安全督查工作规范（试行）》（国网安监二〔2019〕60 号）的相关规定，现场督查或通过视频问询监督人员到位情况。

《国家电网有限公司作业安全风险管控工作规定》（国网安监二〔2021〕26 号）

第三十九条 各级单位应加强作业现场安全监督检查，充分发挥安全监督体系和保证体系作用，依托各级安全管控中心、安全督查队等对各类作业现场开展“四不两直”现场和远程视频安全督查。

（一）省公司级单位应对所辖范围内的二级风险作业现场开展全覆盖督查。

（二）地市公司级单位应对所辖范围内的三级及以上风险作业现场开展全覆盖督查。

（三）县公司级单位对所辖范围内的作业现场开展全覆盖督查。

2. 督查重点

查各级安全督查人员是否按要求开展督查。

（十）消防设施

1. 督查方法

依据《电力设备典型消防规程》（DL 5027—2015）中“13.7 变电站（换流站、开关站）”“14.3 消防器材配置”“6.1.10 防火重点部位禁止吸烟，并应有明显标志”，及《国家电网有限公司消防安全监督管理办法》[国网（安监 /

3）1018—2020］第 4 章“消防安全监督检查主要内容”的相关规定，核查变电站消防设施、消防器材、各种标识。

2. 督查重点

查现场、施工项目部驻地仓库、办公区、生活区等消防设施是否按要求设置。

查防火重点部位是否有警示标识。

查消防器材配备是否充足。

（十一）安全设施与文明生产

1. 督查方法

依据《国家电网公司安全设施标准 第一部分：变电》（Q/GDW 434.1—2010）、《国家电网公司安全设施标准 第二部分：电力线路》（Q/GDW 434.2—2010）及《国家电网有限公司输变电工程安全文明施工标准化管理办法》［国网（基建/3）187—2019］中第三章和附件 2“输变电工程安全文明施工设施配置标准”的相关规定，现场检查安全设施与文明生产情况。

2. 督查重点

查现场布置、各类安全标志、设备标志、安全警示线、安全防护设施等是否规范。

第二节　输电检修安全督查标准

一、架空输电线路督查标准

（一）高处作业

1. 督查方法

依据《国家电网有限公司电力安全工作规程 线路部分》（Q/GDW 1799.2—

2013）、《国家电网有限公司输变电工程安全文明施工标准化管理办法》[国网（基建/3）187—2019]中第十六条“高处作业防护设施”的相关规定，现场检查高处作业情况。

《国家电网公司电力安全工作规程 线路部分》（Q/GDW 1799.2—2013）

9.2.4 在杆塔上作业时，应使用有后备保护绳或速差自锁器的双控背带式安全带，当后备保护绳超过3m时，应使用缓冲器。安全带和后备保护绳应分别挂在杆塔不同部位的牢固构件上。后备保护绳不准对接使用。

10.9 安全带的挂钩或绳子应挂在结实牢固的构件或专为挂安全带用的钢丝绳上，并应采用高挂低用的方式。禁止系挂在移动或不牢固的物件上[如隔离开关（刀闸）支持绝缘子、瓷横担、未经固定的转动横担、线路支柱绝缘子、避雷器支柱绝缘子等]。

10.10 高处作业人员在作业过程中，应随时检查安全带是否拴牢。高处作业人员在转移作业位置时不准失去安全保护。钢管杆塔、30m以上杆塔和220kV及以上线路杆塔宜设置作业人员上下杆塔和杆塔上水平移动的防坠安全保护装置。

10.12 高处作业应一律使用工具袋。较大的工具应用绳拴在牢固的构件上，工件、边角余料应放置在牢靠的地方或用铁丝扣牢并有防止坠落的措施，不准随便乱放，以防止从高空坠落发生事故。

10.13 在进行高处作业时，除有关人员外，不准他人在工作地点的下面通行或逗留，工作地点下面应有围栏或装设其他保护装置，防止落物伤人。如在格栅式的平台上工作，为了防止工具和器材掉落，应采取有效隔离措施，如铺设木板等。

10.17 在5级及以上的大风以及暴雨、雷电、冰雹、大雾、沙尘暴等恶劣天气下，应停止露天高处作业。特殊情况下，确需在恶劣天气进行抢修时，应组织人员充分讨论必要的安全措施，经本单位批准后方可进行。

10.20 使用软梯、挂梯作业或用梯头进行移动作业时，软梯、挂梯或梯头上只准一人工作。作业人员到达梯头上进行工作和梯头开始移动前，应将梯头的封口可靠封闭，否则应使用保护绳防止梯头脱钩。

2. 督查重点

查在 5 级及以上大风以及暴雨、雷电、冰雹、大雾、沙尘暴等恶劣天气下，是否停止露天高处作业。

查高处作业是否使用全方位安全带，安全带的挂钩或绳子是否挂在结实牢固的构件上，是否采用高挂低用的方式。

查高处作业人员在作业过程中安全带是否拴牢，在转移作业位置时是否失去安全保护。

查高处作业是否使用工具袋，较大的工具是否用绳拴在牢固的构件上，工件、边角余料是否放置在牢靠的地方或用铁丝扣牢并有防止坠落的措施。

查在进行高处作业时，工作地点下面是否设有围栏或装设其他保护装置。

查使用软梯、挂梯作业或用梯头进行移动作业时，软梯、挂梯或梯头上是否只准一人工作，在梯头工作和移动时是否将梯头的封口可靠封闭。

查是否存在攀爬、踩踏复合绝缘子串等行为。

（二）起重作业

1. 督查方法

依据《国家电网有限公司电力建设起重机械安全监督管理办法》（国网安监二〔2021〕26 号）中有关起重作业安全管理要求，及《国家电网公司电力安全工作规程 线路部分》（Q/GDW 1799.2—2013）、《国家电网有限公司电力建设安全工作规程 第 2 部分：线路》（Q/GDW 11957.2—2020）的相关规定，现场检查起重作业情况。

《国家电网公司电力安全工作规程 线路部分》(Q/GDW 1799.2—2013)

8.3.10 绞车等牵引工具应接地，放落和架设过程中的导线亦应接地，以防止产生感应电。

11.1.4 一切重大物件的起重、搬运工作应由有经验的专人负责，作业前应向参加工作的全体人员进行技术交底，使全体人员均熟悉起重搬运方案和安全措施。起重搬运时只能由一人统一指挥，必要时可设置中间指挥人员传递信号。起重指挥信号应简明、统一、畅通，分工明确。

11.1.7 起吊物件应绑扎牢固，若物件有棱角或特别光滑的部位时，在棱角和滑面与绳索（吊带）接触处应加以包垫。起重吊钩应挂在物件的重心线上。起吊电杆等长物件应选择合理的吊点，并采取防止突然倾倒的措施。

11.1.8 在起吊、牵引过程中，受力钢丝绳的周围、上下方、转向滑车内角侧、吊臂和起吊物的下面，禁止有人逗留和通过。

11.1.10 吊物上不许站人，禁止作业人员利用吊钩来上升或下降。

14.2.8.2 两台及两台以上链条葫芦起吊同一重物时，重物的重量应不大于每台链条葫芦的允许起重量。

14.2.9 钢丝绳

……

14.2.10 合成纤维吊装带

……

14.2.11.1 在带电设备区域内使用汽车吊、斗臂车时，车身应使用不小于 $16mm^2$ 的软铜线可靠接地。在道路上施工应设围栏，并设置适当的警示标志牌。

14.2.11.4 作业时，起重机臂架、吊具、辅具、钢丝绳及吊物等与架空输电线及其他带电体的最小安全距离不准小于表 19（与架空输电线及其他带电体的最小安全距离）的规定，且应设专人监护。

14.2.11.7 汽车起重机及轮胎式起重机作业前应先支好全部支腿后方可进行其他操作。作业完毕后，应先将臂杆完全收回，放在支架上，然后方可起腿。汽车式起重机除设计有吊物行走性能者外，均不准吊物行走。

《国家电网有限公司电力建设安全工作规程 第2部分：线路》（Q/GDW 11957.2—2020）

7.2.15 起吊物体应绑扎牢固，吊钩应有防止脱钩的保险装置。若物体有棱角或特别光滑的部位时，在棱角和滑面与绳索（吊带）接触处应加以包垫。起重吊钩应挂在物件的重心线上。

2. 督查重点

查起重机械、工器具是否合格。

查起重机械、工器具使用过程是否规范性、符合有关规定。

（三）邻近带电导线作业

1. 督查方法

依据《国家电网公司电力安全工作规程 线路部分》（Q/GDW 1799.2—2013）的相关规定，现场检查邻近带电导线作业情况。

《国家电网公司电力安全工作规程 线路部分》（Q/GDW 1799.2—2013）

8.1.1 带电杆塔上进行测量、防腐、巡视检查、紧杆塔螺栓、清除杆塔上异物等工作，作业人员活动范围及其所携带的工具、材料等，与带电导线最小距离不准小于表3（在带电线路杆塔上工作与带电导线最小安全距离）的规定。

8.3.5 为了防止在同杆塔架设多回线路中误登有电线路及直流线路中误登

有电极，还应采取以下措施。

8.3.6 在杆塔上进行工作时，不准进入带电侧的横担，或在该侧横担上放置任何物件。

8.3.9 放线或撤线、紧线时，应采取措施防止导线或架空地线由于摆（跳）动或其他原因而与带电导线接近至危险距离以内。在同杆塔架设的多回线路上，下层线路带电，上层线路停电作业时，不准进行放、撤导线和地线的工作。

2. 督查重点

查防误登邻近杆塔、误登有电线路、误登有电极的措施是否完备。

查登杆塔和在杆塔上工作时是否每基杆塔都设专人监护。

（四）带电作业

1. 督查方法

依据《国家电网公司电力安全工作规程 线路部分》（Q/GDW 1799.2—2013）的相关规定，对带电作业进行现场检查。

《国家电网公司电力安全工作规程 线路部分》（Q/GDW 1799.2—2013）

13.1 带电作业一般规定。

……

13.2 带电作业一般安全技术措施。

……

13.3.3 等电位作业人员对接地体的距离应不小于表5的规定，对相邻导线的距离应不小于表8（等电位作业人员对邻相导线的最小距离）的规定。

13.3.4 等电位作业人员在绝缘梯上作业或者沿绝缘梯进入强电场时，其与接地体和带电体两部分间隙所组成的组合间隙不准小于表9（等电位作业中的最小组合间隙）的规定。

13.11 带电作业工具的保管、使用和试验。

……

2. 督查重点

查带电作业是否按规定履行审批手续，作业环境、条件是否符合要求。

查带电作业人员是否经过专门培训并取得资格，是否设置专责监护人。

查作业人员与带电体间的安全距离是否符合规定。

查带电作业工具绝缘有效长度是否符合规定，使用是否规范。

（五）焊接、切割作业

1. 督查方法

依据《国家电网公司电力安全工作规程 线路部分》（Q/GDW 1799.2—2013）的相关规定，对焊接、切割作业进行现场检查。

《国家电网公司电力安全工作规程 线路部分》（Q/GDW 1799.2—2013）

16.5.1 不准在带有压力（液体压力或气体压力）的设备上或带电的设备上进行焊接。在特殊情况下需在带压和带电的设备上进行焊接时，应采取安全措施，并经本单位批准。对承重构架进行焊接，应经过有关技术部门的许可。

16.5.2 禁止在油漆未干的结构或其他物体上进行焊接。

16.5.4 在风力超过 5 级及下雨雪时，不可露天进行焊接或切割工作。如必须进行时，应采取防风、防雨雪的措施。

16.5.8 用汽车运输气瓶时，气瓶不准顺车厢纵向放置，应横向放置并可靠固定。气瓶押运人员应坐在司机驾驶室内，不准坐在车厢内。

16.5.9 禁止把氧气瓶及乙炔气瓶放在一起运送，也不准与易燃物品或装有可燃气体的容器一起运送。

16.5.11 使用中的氧气瓶和乙炔气瓶应垂直固定放置，氧气瓶和乙炔气瓶的距离不准小于 5m，气瓶的放置地点不准靠近热源，应距明火 10m 以外。

2. 督查重点

查动火执行人、动火工作票签发人、动火工作负责人是否具备相应的资格。

查动火作业是否正确履行审批手续。

查现场使用气瓶和工器具是否符合规范要求。

查现场防火措施是否齐全并满足实际需要。

（六）砍剪树木

1. 督查方法

依据《国家电网公司电力安全工作规程 线路部分》（Q/GDW 1799.2—2013）的相关规定，对砍剪树木作业进行现场检查。

《国家电网公司电力安全工作规程 线路部分》（Q/GDW 1799.2—2013）

7.4.3 砍剪树木应有专人监护。待砍剪的树木下面和倒树范围内不准有人逗留，城区、人口密集区应设置围栏，防止砸伤行人。为防止树木（树枝）倒落在导线上，应设法用绳索将其拉向与导线相反的方向。绳索应有足够的长度和强度，以免拉绳的人员被倒落的树木砸伤。砍剪山坡树木应做好防止树木向下弹跳接近导线的措施。

7.4.5 风力超过 5 级时，禁止砍剪高出或接近导线的树木。

7.4.6 使用油锯和电锯的作业，应由熟悉机械性能和操作方法的人员操作。使用时，应先检查所能锯到的范围内有无铁钉等金属物件，以防金属物体飞出伤人。

2. 督查重点

查砍剪树木采取的措施是否满足实际需要。

查现场的工器具是否合格并符合有关要求，操作方法是否正确。

二、电缆检修督查标准

（一）电缆检修

1. 督查方法

依据《国家电网有限公司有限空间作业安全工作规定（试行）》（国网安监二〔2021〕25 号）、《国家电网公司电力安全工作规程 线路部分》（Q/GDW 1799.2—2013）的相关规定，对电缆检修作业进行现场检查。

《国家电网公司电力安全工作规程 线路部分》（Q/GDW 1799.2—2013）

15.2.1 电缆施工的安全措施

15.2.1.11 开启电缆井井盖、电缆沟盖板及电缆隧道人孔盖时应使用专用工具，同时注意所立位置，以免坠落。开启后应设置标准路栏围起，并有人看守。作业人员撤离电缆井或隧道后，应立即将井盖盖好”。

15.2.1.12 电缆隧道应有充足的照明，并有防火、防水、通风的措施。电缆井内工作时，禁止只打开一只井盖（单眼井除外）。进入电缆井、电缆隧道前，应先用吹风机排除浊气，再用气体检测仪检查井内或隧道内的易燃易爆及有毒气体的含量是否超标，并做好记录。电缆沟的盖板开启后，应自然通风一段时间，经测试合格后方可下井工作。电缆井、隧道内工作时，通风设备应保持常开。在电缆隧（沟）道内巡视时，作业人员应携带便携式气体测试仪，通风不良时还应携带正压式空气呼吸器。

15.2.1.16 制作环氧树脂电缆头和调配环氧树脂工作过程中，应采取有效的防毒和防火措施。

15.2.1.17 电缆施工完成后应将穿越过的孔洞进行封堵。

15.2.1.18 非开挖施工的安全措施。

2. 督查重点

查电缆井井盖、电缆沟盖板等开启后是否设置标准路栏，是否派人看守。

查电缆隧道是否有充足的照明，是否有防火、防水、通风等措施。

查进入电缆井、电缆隧道前是否严格落实有限空间作业安全管理要求。

（二）电缆敷设

1. 督查方法

依据《国家电网公司电力安全工作规程 线路部分》（Q/GDW 1799.2—2013）中“15.2.1 电缆施工的安全措施”及《国家电网有限公司电力建设安全工作规程 第2部分：线路》（Q/GDW 11957.2—2020）的相关规定，对电缆敷设作业进行现场检查。

《国家电网有限公司电力建设安全工作规程 第2部分：线路》（Q/GDW 11957.2—2020）

14.2.4 电缆敷设应由专人指挥、统一行动，并有明确的联系信号，确保现场通信联络畅通，落实现场安全措施，确保作业人员人身安全。

14.2.7 线盘架设应选用与线盘相匹配的放线架，且架设平稳。放线人员应站在线盘的侧后方。当放到线盘上的最后几圈时，应采取措施防止电缆突然蹦出。

14.2.12 用输送机敷设电缆时，所有敷设设备应固定牢固。作业人员应遵守有关操作规程，并站在安全位置，发生故障应停电处理。

14.2.13 用滑轮敷设电缆时，作业人员应站在滑轮前进方向，不得在滑轮滚动时用手搬动滑轮。

14.2.14 电缆展放敷设过程中，转弯处应设专人监护。转弯和进洞口前，应放慢牵引速度，调整电缆的展放形态，当发生异常情况时，应立即停止牵引，经处理后方可继续作业。穿入有运行电缆的电缆沟（层）时，应做好对临近运行电缆的保护措施，防止牵引绳索对运行电缆造成磨损，造成人员触电及损伤电缆。电缆通过孔洞或楼板时，两侧应设监护人，入口处应采取措施防止电缆被卡，不得伸手，防止被带入孔中。

2. 督查重点

查电缆敷设时是否有专人指挥，并保持通信畅通。

查电缆放线架是否放置牢固平稳，电缆盘有无可靠的制动措施。

查电缆通过孔洞、管子或楼板时，两侧是否设专人监护。

查用输送机敷设电缆时，所有敷设设备是否固定牢固，作业人员是否遵守有关操作规程，并站在安全位置。

查用滑轮敷设电缆时，作业人员是否站在滑轮前进方向，在滑轮滚动时是否用手搬动滑轮。

（三）电缆终端作业

1. 督查方法

依据《国家电网公司电力安全工作规程 线路部分》（Q/GDW 1799.2—2013）中“15.2.1 电缆施工的安全措施”及《国家电网有限公司电力建设安全工作规程 第 2 部分：线路》（Q/GDW 11957.2—2020）的相关规定，现场检查电缆终端作业。

《国家电网有限公司电力建设安全工作规程 第 2 部分：线路》（Q/GDW 11957.2—2020）

14.3.2 在电缆终端施工区域下方应设置围栏或采取其他保护措施，无关人员不得在作业地点下方通行或逗留。

14.3.6 工井内进行电缆中间接头安装时，应将压力容器摆放在井口位置，不得放置在工井内。隧道内进行电缆中间接头安装时，压力容器应远离明火作业区域，并采取相关安全措施。

14.3.8 使用携带型火炉或喷灯时，火焰与带电裸露部分的安全距离：电压在 10kV 及以下者，应大于 1.5m；电压在 10kV 以上者，应大于 3m。不得在带电导线、带电设备、变压器、油断路器附近以及在电缆夹层、隧道、沟洞内对火炉或喷灯加油、点火。在电缆沟盖板上或旁边进行动火工作时需采取必要的防火措施。

2. 督查重点

查在电缆终端施工区域下方是否设置围栏或采取其他保护措施，是否有无关人员在作业地点下方通行或逗留。

查工井内进行电缆中间接头安装时，压力容器是否摆放在井口位置，是否远离明火作业区域。

查使用携带型火炉或喷灯时，火焰与带电部分的安全距离是否符合要求。

（四）电缆试验

1. 督查方法

依据《国家电网公司电力安全工作规程 线路部分》（Q/GDW 1799.2—2013）中“15.2.1 电缆施工的安全措施”及《国家电网有限公司电力建设安全工作规程 第 2 部分：线路》（Q/GDW 11957.2—2020）的相关规定，现场检查电缆试验。

《国家电网有限公司电力建设安全工作规程 第 2 部分：线路》（Q/GDW 11957.2—2020）

14.4.1 电缆耐压试验前，应对设备充分放电，并测量绝缘电阻。加压端应做好安全措施，防止人员误入试验场所。另一端应设置围栏并挂上警告标志牌。如另一端在杆上或电缆开断处，应派人看守。试验区域、被试系统的危险部位或端头应设临时遮栏，悬挂“止步，高压危险”标志牌。

14.4.4 电缆试验过程中，作业人员应戴好绝缘手套并穿绝缘鞋或站在绝缘垫上。

14.4.5 电缆耐压试验分相进行时，另外两相应可靠接地。

14.4.9 遇有雷雨及五级以上大风时应停止户外高压试验。

2. 督查重点

查耐压试验前，被试电缆两端安全措施是否完备。

查试验过程更换试验引线时，作业人员是否戴绝缘手套。

查电缆耐压试验分相进行时，另外两相是否可靠接地。

查遇有雷雨及五级以上大风时是否停止户外高压试验。

第三节 变电检修安全督查工作标准

一、变电一次检修督查标准

（一）一次检修作业

1. 督查方法

依据《国家电网公司电力安全工作规程 变电部分》（Q/GDW 1799.1—2013）的相关规定，现场检查一次检修作业。

《国家电网公司电力安全工作规程 变电部分》（Q/GDW 1799.1—2013）

7.2.3 检修设备和可能来电侧的断路器（开关）、隔离开关（刀闸）应断开控制电源和合闸能源，隔离开关（刀闸）操作把手应锁住，确保不会误送电。

7.4.3 对于可能送电至停电设备的各方面都应装设接地线或合上接地刀闸（装置），所装接地线与带电部分应考虑接地线摆动时仍符合安全距离的规定。

7.4.4 对于因平行或邻近带电设备导致检修设备可能产生感应电压时，应加装工作接地线或使用个人保安线，加装的接地线应登录在工作票上，个人保安线由作业人员自装自拆。

7.5 悬挂标示牌和装设遮栏（围栏）。

7.5.4 高压开关柜内手车开关拉出后，隔离带电部位的挡板封闭后禁止开启，并设置“止步，高压危险！”的标示牌。

11 在六氟化硫（SF_6）电气设备上的工作

……

15.2.2.4 电缆的试验过程中，更换试验引线时，应先对设备充分放电，作业人员应戴好绝缘手套。

2. 督查重点

查检修设备各方面电源是否全部断开，并可靠接地。

查可能来电侧的断路器（开关）、隔离开关（刀闸）的二次控制电源和合闸能源是否断开并挂“禁止合闸，有人工作！”标示牌，隔离开关（刀闸）操作把手是否锁住。

查现场的安全措施是否满足实际工作需要。

查起重作业是否有专人指挥。

（二）电气试验

1. 督查方法

依据《国家电网公司电力安全工作规程 变电部分》（Q/GDW 1799.1—2013）的相关规定，现场检查电气试验。

《国家电网公司电力安全工作规程 变电部分》（Q/GDW 1799.1—2013）

14.1.4 试验装置的金属外壳应可靠接地；高压引线应尽量缩短，并采用专用的高压试验线，必要时用绝缘物支持牢固。试验装置的电源开关，应使用明显断开的双极刀闸。为了防止误合刀闸，可在刀刃或刀座上加绝缘罩。

14.1.5 试验现场应装设遮栏或围栏，遮栏或围栏与试验设备高压部分应有足够的安全距离，向外悬挂“止步，高压危险！”的标示牌，并派人看守。被试设备两端不在同一地点时，另一端还应派人看守。

14.1.6 压前应认真检查试验接线，使用规范的短路线，表计倍率、量程、调压器零位及仪表的开始状态均正确无误，经确认后，通知所有人员离开被试设备，并取得试验负责人许可，方可加压。加压过程中应有人监护并呼唱。高压试验作业人员在全部加压过程中，应精力集中，随时警戒异常现象发生，操作人应站在绝缘垫上。

14.1.7 变更接线或试验结束时，应首先断开试验电源、放电，并将升压设备的高压部分放电、短路接地。

2. 督查重点

查试验装置的金属外壳是否可靠接地，是否采用专用高压试验线，是否使用绝缘物支撑固定。

查试验现场是否规范设置遮栏或围栏；被试设备两端不在同一地点时，另一端是否派人看守。

查加压过程中是否有人监护并呼唱，操作人是否站在绝缘垫上。

查变更接线或试验结束时，是否首先断开试验电源、放电，并将升压设备的高压部分放电、短路接地。

（三）高处作业

1. 督查方法

依据《国家电网公司电力安全工作规程 变电部分》（Q/GDW 1799.1—2013）的相关要求，现场检查高处作业。

《国家电网公司电力安全工作规程 变电部分》(Q/GDW 1799.1—2013)

18.1.8 安全带的挂钩或绳子应挂在结实牢固的构件上，或专为挂安全带用的钢丝绳上，并应采用高挂低用的方式。禁止挂在移动或不牢固的物件上[如隔离开关(刀闸)支持绝缘子、CVT 绝缘子、母线支柱绝缘子、避雷器支柱绝缘子等]。

18.1.9 高处作业人员在作业过程中，应随时检查安全带是否拴牢。高处作业人员在转移作业位置时不得失去安全保护。

18.1.10 高处作业使用的脚手架应经验收合格后方可使用。上下脚手架应走斜道或梯子，作业人员不准沿脚手杆或栏杆等攀爬。

18.1.16 在 5 级及以上的大风以及暴雨、雷电、冰雹、大雾、沙尘暴等恶劣天气下，应停止露天高处作业。特殊情况下，确需在恶劣天气进行抢修时，应组织人员充分讨论必要的安全措施，经本单位批准后方可进行。

18.2 梯子

……

2. 督查重点

查现场使用的登高作业工器具是否合格并符合使用要求。

查作业人员是否正确使用个体防护装备。

(四)起重作业

1. 督查方法

依据《国家电网有限公司电力建设起重机械安全监督管理办法》(国网安监二〔2021〕26 号)及《国家电网公司电力安全工作规程 变电部分》(Q/GDW 1799.1—2013)的相关要求，现场检查起重作业。

《国家电网公司电力安全工作规程 变电部分》(Q/GDW 1799.1—2013)

17.1.3 起重设备、吊索具和其他起重工具的工作负荷，不准超过铭牌规定。

17.1.4 起吊重物前，应由工作负责人检查悬吊情况及所吊物件的捆绑情况，认为可靠后方准试行起吊。起吊重物稍一离地（或支持物），应再检查悬吊及捆绑情况，认为可靠后方准继续起吊。

17.1.7 遇有 6 级以上的大风时，禁止露天进行起重工作。当风力达到 5 级以上时，受风面积较大的物体不宜起吊。

17.1.8 遇有大雾、照明不足、指挥人员看不清各工作地点或起重机操作人员未获得有效指挥时，不准进行起重工作。

17.2.1.2 起重机上应备有灭火装置，驾驶室内应铺橡胶绝缘垫，禁止存放易燃物品。

17.2.1.4 一切重大物件的起重、搬运工作应由有经验的专人负责，作业前应向参加工作的全体人员进行技术交底，使全体人员均熟悉起重搬运方案和安全措施。起重搬运时只能由一人统一指挥，必要时可设置中间指挥人员传递信号。起重指挥信号应简明、统一、畅通，分工明确。

17.2.3.1 在带电设备区域内使用汽车吊、斗臂车时，车身应使用不小于 $16mm^2$ 的软铜线可靠接地。在道路上施工应设围栏，并设置适当的警示标志牌。

17.3 起重工器具

……

2. 督查重点

查起重设备、操作人员、指挥人员的资质是否符合规定。

查起重工器具是否合格。

查在带电设备区域内使用起重设备时，是否进行安全距离核算并满足安全距离要求。

查起重设备外壳是否使用不小于 16mm^2 的软铜线可靠接地。

查起重作业过程是否规范。

（五）动火作业

1. 督查方法

依据《国家电网公司电力安全工作规程　变电部分》（Q/GDW 1799.1—2013）的相关要求，现场检查动火作业。

《国家电网公司电力安全工作规程　变电部分》（Q/GDW 1799.1—2013）

16.5.11 使用中的氧气瓶和乙炔气瓶应垂直固定放置，氧气瓶和乙炔气瓶的距离不得小于 5m，气瓶的放置地点不准靠近热源，应距明火 10m 以外。

16.6.2 在一级动火区动火作业，应填用一级动火工作票。

16.6.3 在二级动火区动火作业，应填用二级动火工作票。

16.6.8 动火工作票所列人员的基本条件。

a）变电站一、二级动火工作票签发人应是经本单位（动火单位或设备运维管理单位）考试合格并经本单位批准且公布的有关部门负责人、技术负责人或经本单位批准的其他人员。

b）动火工作负责人应是具备检修工作负责人资格并经考试合格的人员。

c）动火执行人应具备有关部门颁发的合格证。

16.6.10.5 动火作业应有专人监护，动火作业前应清除动火现场及周围的易燃物品，或采取其他有效的安全防火措施，配备足够适用的消防器材。

16.6.10.8 动火工作完毕后，动火执行人、消防监护人、动火工作负责人和运维许可人应检查现场有无残留火种，是否清洁等。确认无问题后，在动火工作票上填明动火工作结束时间，经四方签名后（若动火工作与运维无关，则三方签名即可），盖上“已终结”印章，动火工作方告终结。

16.6.12 下列情况禁止动火：

a）压力容器或管道未泄压前。

b）存放易燃易爆物品的容器未清理干净前或未进行有效置换前。

c）风力达5级以上的露天作业。

d）喷漆现场。

e）遇有火险异常情况未查明原因和消除前。

2. 督查重点

查动火执行人、动火工作票签发人、动火工作负责人是否具备相应的资格。

查动火作业是否正确履行审批手续。

查现场使用气瓶和工器具是否符合规范要求。

查现场防火措施是否齐全并满足实际需要。

（六）防误闭锁

1. 督查方法

依据《国家电网有限公司防止电气误操作安全管理规定》（国家电网安监〔2018〕1119 号）、《国家电网公司电力安全工作规程 变电部分》（Q/GDW 1799.1—2013），及《国网设备部关于切实加强防止变电站电气误操作运维管理工作的通知》（设备变电〔2018〕51 号）中第一部分第二项第 4 条的相关要求，现场检查防误闭锁。

《国家电网有限公司防止电气误操作安全管理规定》（国家电网安监〔2018〕1119 号）

3.1.2.3 应有与现场实际相符的一次系统模拟图或电子接线图。

3.1.2.7 电气设备应有完善的防止电气误操作闭锁装置。

4.3.5 防误装置使用的直流电源应与继电保护、控制回路的电源分开；防误主机的交流电源应是不间断供电电源。

《国家电网公司电力安全工作规程 变电部分》（Q/GDW 1799.1—2013）

5.3.6.5 操作中产生疑问时，应立即停止操作并向发令人报告。待发令人再行许可后，方可进行操作。不准擅自更改操作票，不准随意解除闭锁装置。解锁工具（钥匙）应封存保管，所有操作人员和检修人员禁止擅自使用解锁工具（钥匙）。若遇特殊情况需解锁操作，应经运维管理部门防误操作装置专责人或运维管理部门指定并经书面公布的人员到现场核实无误并签字后，由运维人员告知当值调控人员，方能使用解锁工具（钥匙）。单人操作、检修人员在倒闸操作过程中禁止解锁。如需解锁，应待增派运维人员到现场，履行上述手续后处理。解锁工具（钥匙）使用后应及时封存并做好记录。

2. 督查重点

查电气设备防误操作闭锁装置是否完善，防误装置运行状况是否良好。

查一次系统模拟图或电子接线图，是否与现场相符。

查解锁工具（钥匙）是否封闭管理，使用是否符合有关规定。

查解锁工具（钥匙）使用有关记录。

（七）临时用电

1. 督查方法

依据《国家电网公司电力安全工作规程 变电部分》（Q/GDW 1799.1—2013）的相关要求，现场检查临时用电。

《国家电网公司电力安全工作规程 变电部分》（Q/GDW 1799.1—2013）

13.18 试验用闸刀应有熔丝并带罩，被检修设备及试验仪器禁止从运行设备上直接取试验电源，熔丝配合要适当，要防止越级熔断总电源熔丝。试验接线要经第二人复查后，方可通电。

16.3.5 检修动力电源箱的支路开关都应加装剩余电流动作保护器（漏电保

护器）并应定期检查和试验。

16.4.2.6 电气工具和用具的电线不准接触热体，不要放在湿地上，并避免载重车辆和重物压在电线上。

16.4.2.7 移动式电动机械和手持电动工具的单相电源线应使用三芯软橡胶电缆；三相电源线在三相四线制系统中应使用四芯软橡胶电缆，在三相五线制系统中宜使用五芯软橡胶电缆。连接电动机械及电动工具的电气回路应单独设开关或插座，并装设剩余电流动作保护器（漏电保护器），金属外壳应接地；电动工具应做到“一机一闸一保护”。

2. 督查重点

查现场的临时电源使用是否规范。

查接电源时是否有人监护。

（八）有限空间作业

1. 督查方法

依据《国家电网有限公司有限空间作业安全工作规定（试行）》（国网安监二〔2021〕25 号）及《国家电网公司电力安全工作规程 变电部分》（Q/GDW 1799.1—2013）的相关要求，现场检查有限空间作业。

《国家电网公司电力安全工作规程 变电部分》（Q/GDW 1799.1—2013）

15.2.1.11 电缆隧道应有充足的照明，并有防火、防水、通风的措施。电缆井内工作时，禁止只打开一只井盖（单眼井除外）。进入电缆井、电缆隧道前，应先用吹风机排除浊气，再用气体检测仪检查井内或隧道内的易燃易爆及有毒气体的含量是否超标，并做好记录。电缆沟的盖板开启后，应自然通风一段时间，经测试合格后方可下井沟工作。电缆井、隧道内工作时，通风设备应保持常开。在电缆隧（沟）道内巡视时，作业人员应携带便携式气体测试仪，通风不良时还应携带正压式空气呼吸器。

2. 督查重点

查有限空间作业是否严格履行审批手续。

查有限空间的安全警示标示是否齐全。

查是否“先通风、再检测、后作业”，检测记录是否齐全。

查个体防护装备是否齐全。

查应急处置方案是否切合实际。

二、变电二次检修督查标准

（一）二次回路作业

1. 督查方法

依据《国家电网公司电力安全工作规程 变电部分》（Q/GDW 1799.1—2013）及《继电保护和电网安全自动装置检验规程》（DL/T 995—2016）中6.3.5.7.1的相关要求，现场检查二次回路作业。

《国家电网公司电力安全工作规程 变电部分》（Q/GDW 1799.1—2013）

12.4.2 使用有绝缘柄的工具，其外裸的导电部位应采取绝缘措施，防止操作时相间或相对地短路。防止操作时相间或相对地短路。低压电气带电工作应戴手套、护目镜，并保持对地绝缘。禁止使用锉刀、金属尺和带有金属物的毛刷、毛掸等工具。

13.3 检修中遇有下列情况应填用二次工作安全措施票：

a）在运行设备的二次回路上进行拆、接线工作。

b）在对检修设备执行隔离措施时，需拆断、短接和恢复同运行设备有联系的二次回路工作。

13.4 二次工作安全措施票执行

……

13.8 在全部或部分带电的运行屏（柜）上进行工作时，应将检修设备与运行设备以明显的标志隔开。

13.10 在继电保护、安全自动装置及自动化监控系统屏间的通道上搬运或安放试验设备时，不能阻塞通道，要与运行设备保持一定距离，防止事故处理时通道不畅，防止误碰运行设备，造成相关运行设备继电保护误动作。清扫运行设备和二次回路时，要防止振动、防止误碰，要使用绝缘工具。

13.11 继电保护、安全自动装置及自动化监控系统做传动试验或一次通电或进行直流输电系统功能试验时，应通知运维人员和有关人员，并由工作负责人或由他指派专人到现场监视，方可进行。

13.12 所有电流互感器和电压互感器的二次绕组应有一点且仅有一点永久性的、可靠的保护接地。

13.16 在光纤回路工作时，应采取相应防护措施防止激光对人眼造成伤害。

15.2.1.10 开启电缆井井盖、电缆沟盖板及电缆隧道人孔盖时应使用专用工具，同时注意所立位置，以免坠落。开启后应设置标准路栏围起，并有人看守。作业人员撤离电缆井或隧道后，应立即将井盖盖好。

2. 督查重点

查是否正确使用二次工作安全措施票，安全措施是否完备，与现场是否一致。

查在全部或部分带电的运行屏（柜）上进行工作时，是否将检修设备与运行设备以明显的标志隔开。

查电流互感器和电压互感器的二次绕组是否规范接地。

查带电的电压互感器、电流互感器二次回路上的工作，是否采取防止开路、短路的安全措施。

查清扫运行设备和二次回路时，是否使用绝缘工具，外漏的导电部分是否采取绝缘措施。查保护传动是否通知相关人员，是否派人到现场监视。

查在光纤回路上工作时，是否采取防止激光对人眼造成伤害的防护措施。

查智能变电站一次设备停役时，相关 SV、GOOSE 压板是否确已退出。

查开启二次电缆沟盖板后，是否正确设置围栏并有人看守。

三、直流检修督查标准

（一）换流变压器作业

1. 督查方法

依据《国家电网公司电力安全工作规程 变电部分》（Q/GDW 1799.1—2013）及《国家电网公司直流换流站检修管理规定 第 1 分册 换流变压器检修细则》中 3.4.5.1 的相关规定，现场检查换流变压器作业。

> 《国家电网公司电力安全工作规程 变电部分》（Q/GDW 1799.1—2013）
>
> 14.5.3 换流变压器高压试验前应通知阀厅内高压穿墙套管侧试验无关人员撤离，并派专人监护。
>
> 14.5.4 阀厅内高压穿墙套管试验加压前应通知阀厅外侧换流变压器上试验无关人员撤离，确认其余绕组均已可靠接地，并派专人监护。

2. 督查重点

查阀厅内高压穿墙套管试验前是否通知阀厅外换流变压器上无关人员撤离，是否确认其余绕组已经可靠接地，是否派专人监护。

查换流变压器高压试验前是否通知阀厅内高压穿墙套管侧无关人员撤离，阀厅内是否有人监护。

查更换冷却器风扇前是否切断电源。

（二）换流阀作业

1. 督查方法

依据《国家电网公司电力安全工作规程 变电部分》（Q/GDW 1799.1—2013）的相关要求，现场检查换流阀作业。

> 《国家电网公司电力安全工作规程 变电部分》（Q/GDW 1799.1—2013）
>
> 5.1.12 换流站阀厅未转检修前，人员禁止进入作业（巡视通道除外）。
>
> 14.5.1 进行晶闸管（可控硅）高压试验前，应停止该阀塔内其他工作并撤离无关人员；试验时，作业人员应与试验带电体位保持 0.7m 以上距离，试验人员禁止直接接触阀塔屏蔽罩，防止被可能产生的试验感应电伤害。
>
> 14.5.2 地面加压人员与阀体层作业人员应通过对讲机保持联系，防止高处作业人员未撤离阀体时误加压。阀体工作层应设专责监护人（在与阀体工作层平行的升降车上监护、指挥），加压过程中应有人监护并呼唱。
>
> 18.3.1 阀体工作使用升降车上下时，升降车应可靠接地，在升降车上应正确使用安全带，进入阀体前，应取下安全帽和安全带上的保险钩，防止金属打击造成元件、光缆的损坏，但应注意防止高处坠落。
>
> 18.3.2 阀体工作不得坐在阀体工作层的边缘，以防高空坠落。

2. 督查重点

查进入阀体前是否取下安全帽及安全带上的保险钩。

查阀厅作业车工作时是否可靠接地。

查阀体工作时工作人员是否坐在阀体工作层的边缘。

查阀厅内工作（除巡视通道）时，阀厅是否已转检修。

查晶闸管试验时，与试验带电体距离是否大于 0.7m。

查地面加压人员与阀体层作业人员是否通过对讲机保持联系，阀体工作层是否设专责监护人，加压过程中是否有人监护并呼唱。

（三）调相机作业

1. 督查方法

依据《国家电网公司电力安全工作规程 变电部分》（Q/GDW 1799.1—2013）的相关要求，现场检查调相机作业。

《国家电网公司电力安全工作规程 变电部分》（Q/GDW 1799.1—2013）

10.3 检修发电机、同期调相机应做好下列安全措施。

……

10.4 转动着的发电机、同期调相机，即使未加励磁，亦应认为有电压。

10.6 在转动着的电机上调整、清扫电刷及滑环时，应由有经验的电工担任，并遵守下列规定：

a）作业人员应特别小心，不使衣服及擦拭材料被机器挂住，扣紧袖口，发辫应放在帽内。

b）工作时站在绝缘垫上（该绝缘垫为常设固定型绝缘垫），不得同时接触两极或一极与接地部分，也不能两人同时进行工作。

10.10 电动机及附属装置的外壳均应接地。禁止在转动中的电动机的接地线上进行工作。

2. 督查重点

查换碳刷时是否扣紧袖口、发辫是否放在帽内并站在绝缘垫上。

查工作人员是否在转动中的电动机的接地线上进行工作。

查工作人员是否在转动着的发电机、同期调相机的回路上工作，是否用手触摸高压绕组。

查工作时是否站在绝缘垫上（该绝缘垫为常设固定型绝缘垫），是否同时接触两极或一极与接地部分，是否两人同时进行工作。

查调相机检修工作是否在三相出口处装设接地线。

查装有可以堵塞机内空气流通的自动闸板风门的检修机组，是否采取保证使风门不能关闭，以防窒息的措施。

（四）运维作业

1. 督查方法

依据《国家电网公司电力安全工作规程 变电部分》（Q/GDW 1799.1—2013）的相关要求，现场检查运维作业。

> 《国家电网公司电力安全工作规程 变电部分》（Q/GDW 1799.1—2013）
>
> 5.3.6.8 换流站直流系统应采用程序操作，程序操作不成功，在查明原因并经值班调控人员许可后可进行遥控步进操作。
>
> 5.3.6.15 同一直流系统两端换流站间发生系统通信故障时，两换流站间的操作应根据值班调控人员的指令配合执行。
>
> 5.3.6.16 双极直流输电系统单极停运检修时，禁止操作双极公共区域设备，禁止合上停运极中性线大地 / 金属回线隔离开关（刀闸）。
>
> 5.3.6.17 直流系统升降功率前应确认功率设定值不小于当前系统允许的最小功率，且不能超过当前系统允许的最大功率限制。
>
> 5.3.6.18 手动切除交流滤波器（并联电容器）前，应检查系统有足够的备用数量，保证满足当前输送功率无功需求。
>
> 5.3.6.19 交流滤波器（并联电容器）退出运行后再次投入运行前，应满足电容器放电时间要求。

2. 督查重点

查换流站直流系统是否采用程序操作（若程序操作不成功，在查明原因并经值班调控人员许可后可进行遥控步进操作）。

查同一直流系统两端换流站间发生系统通信故障时，是否听取值班调控人员的指令配合执行。

查双极直流输电系统单极停运检修时，是否进行双极公共区域设备等操作。

查直流系统升降功率前是否确认功率设定值是否小于当前系统允许的最小功率或超过最大值。

查手动切除交流滤波器（并联电容器）前，是否检查系统有足够的备用容量。

查交流滤波器（并联电容器）退出运行后再次投入运行前是否留有充分放电时间。

第四节　配电检修安全督查工作标准

一、配电线路检修督查标准

（一）架空线路检修

1. 督查方法

依据《国家电网公司电力安全工作规范（配电部分）（试行）》（国家电网安质〔2014〕265号）的相关要求，现场检查架空线路检修。

> 《国家电网公司电力安全工作规范（配电部分）（试行）》（国家电网安质〔2014〕265号）
>
> 6.2 杆塔上作业
>
> ……
>
> 6.3 杆塔施工
>
> ……
>
> 6.4 放线、紧线与撤线
>
> ……
>
> 6.5 高压架空绝缘导线工作

……

6.6 邻近带电导线的工作

……

6.7 同杆（塔）架设多回线路中部分线路停电的工作

13.4.5 若在有分布式电源接入的低压配电网上停电工作，至少应采取以下措施之一防止反送电：

（1）接地。

（2）绝缘遮蔽。

（3）在断开点加锁、悬挂标示牌。

13.4.6 电网管理单位停电检修，应明确告知分布式电源用户停送电时间。由电网管理单位操作的设备，应告知分布式电源用户。以空气开关等无明显断开点的设备作为停电隔离点时应采取加锁、悬挂标示牌等措施防止误送电。

16.2 起重

……

2. 督查重点

查防人身触电、高处坠落的安全措施是否齐全并落实到位。

查居民区和交通道路附近立、撤杆，是否设警戒范围或警告标志，并派人看守。

（二）邻近带电导线工作及同杆（塔）架设多回线路部分停电工作

1. 督查方法

依据《国家电网公司电力安全工作规程（配电部分）（试行）》（国家电网安质〔2014〕265号）的相关要求，现场检查邻近带电导线工作及同杆（塔）架设多回线路部分停电工作。

《国家电网公司电力安全工作规程（配电部分）（试行）》（国家电网安质〔2014〕265号）

6.6 邻近带电导线的工作

……

6.7.5 为防止误登有电线路，应采取以下措施：

（1）每基杆塔应设识别标记（色标、判别标识等）和线路名称、杆号。

（2）工作前应发给作业人员相对应线路的识别标记。

（3）经核对停电检修线路的识别标记和线路名称、杆号无误，验明线路确已停电并挂好接地线后，工作负责人方可宣布开始工作。

（4）作业人员登杆塔前应核对停电检修线路的识别标记和线路名称、杆号无误后，方可攀登。

（5）登杆塔和在杆塔上工作时，每基杆塔都应设专人监护。

16.2.9 在带电设备区域内使用起重机等起重设备时，应安装接地线并可靠接地，接地线应用多股软铜线，其截面积不得小于16mm^2。

16.2.13 起重机上应备有灭火装置，驾驶室内应铺橡胶绝缘垫，禁止存放易燃物品。

2. 督查重点

查上层线路不停电进行松放或架设导线、更换绝缘子等工作时，是否有防止导（地）线脱落、滑跑的后备保护措施。

查邻近带电线路工作，导线及牵引机具是否接地，是否使用绝缘无极绳索，是否设专人监护。

查与带电线路平行、邻近或交叉跨越的线路停电检修，是否有防止误登杆塔的安全措施。

查起重机上是否备有合格的灭火装置，驾驶室内是否铺橡胶绝缘垫；在带电设备区域内使用起重机等起重设备时，设备是否安装接地线并可靠接地。

查在同杆架设时，是否满足安全距离的要求，是否采取防止误登有电线路的安全措施，是否每基杆塔都设专人监护。

（三）带电作业

1. 督查方法

依据《国家电网公司电力安全工作规程（配电部分）（试行）》（国家电网安质〔2014〕265号）的相关要求，现场检查带电作业。

> 《国家电网公司电力安全工作规程（配电部分）（试行）》（国家电网安质〔2014〕265号）
>
> 9.1 带电作业一般要求
>
> ……
>
> 9.2.6 带电作业，应穿戴绝缘防护用具（绝缘服或绝缘披肩、绝缘袖套、绝缘手套、绝缘鞋、绝缘安全帽等）。带电断、接引线作业应戴护目镜，使用的安全带应有良好的绝缘性能。带电作业过程中，禁止摘下绝缘防护用具。
>
> 9.7 使用绝缘斗臂车的作业
>
> ……

2. 督查重点

查带电作业是否按规定履行审批手续，作业环境条件是否符合要求。

查带电作业人员是否经过专业培训，是否在专责监护人监护下进行工作。

查带电作业机具是否合格、是否规范使用。

（四）高处作业

1. 督查方法

依据《国家电网公司电力安全工作规程（配电部分）（试行）》（国家电网安质〔2014〕265号）的相关规定，现场检查高处作业。

《国家电网公司电力安全工作规程（配电部分）（试行）》（国家电网安质〔2014〕265号）

6.2.3 杆塔上作业应注意以下安全事项：

（1）作业人员攀登杆塔、杆塔上移位及杆塔上作业时，手扶的构件应牢固，不得失去安全保护，并有防止安全带从杆顶脱出或被锋利物损坏的措施。

（2）在杆塔上作业时，宜使用有后备保护绳或速差自锁器的双控背带式安全带，安全带和保护绳应分挂在杆塔不同部位的牢固构件上。

（3）上横担前，应检查横担腐蚀情况、联结是否牢固，检查时安全带（绳）应系在主杆或牢固的构件上。

（4）在人员密集或有人员通过的地段进行杆塔上作业时，作业点下方应按坠落半径设围栏或其他保护措施。

（5）杆塔上下无法避免垂直交叉作业时，应做好防落物伤人的措施，作业时要相互照应，密切配合。

（6）杆塔上作业时不得从事与工作无关的活动。

17.1.9 在5级及以上的大风以及暴雨、雷电、冰雹、大雾、沙尘暴等恶劣天气下，应停止露天高处作业。特殊情况下，确需在恶劣天气进行抢修时，应制定相应的安全措施，经本单位批准后方可进行。

17.1.12 工件、边角余料应放置在牢靠的地方或用铁丝扣牢并有防止坠落的措施。

17.1.13 高处作业，除有关人员外，他人不得在工作地点的下面通行或逗留，工作地点下面应有遮栏（围栏）或装设其他保护装置。若在格栅式的平台上工作，应采取有效隔离措施，如铺设木板等。

17.2.2 安全带的挂钩或绳子应挂在结实牢固的构件上、或专为挂安全带用的钢丝绳上，并应采用高挂低用的方式。禁止挂在移动或不牢固的物件上［如隔离开关（刀闸）支持绝缘子、母线支柱绝缘子、避雷器支柱绝缘子等]。

17.2.4 作业人员作业过程中，应随时检查安全带是否拴牢。高处作业人员在转移作业位置时不得失去安全保护。

2. 督查重点

查高处作业是否正确使用安全带，攀登杆塔和高处转移作业位置时是否有安全保护。

（五）电力电缆工作

1. 督查方法

依据《国家电网有限公司有限空间作业安全工作规定（试行）》（国网安监二〔2021〕25 号）及《国家电网公司电力安全工作规程（配电部分）（试行）》（国家电网安质〔2014〕265 号）的相关规定，现场检查电力电缆工作。

《国家电网公司电力安全工作规程（配电部分）（试行）》（国家电网安质〔2014〕265 号）

12.1.3 电缆隧道应有充足的照明，并有防火、防水及通风措施。

12.2 电力电缆施工作业

……

12.3.1 电缆耐压试验前，应先对被试电缆充分放电。加压端应采取措施防止人员误入试验场所；另一端应设置遮栏（围栏）并悬挂警告标示牌。若另一端是上杆的或是开断电缆处，应派人看守。

15.2.11.5 动火作业应有专人监护，动火作业前应清除动火现场及周围的易燃物品，或采取其他有效的防火安全措施，配备足够适用的消防器材。

2. 督查重点

查有限空间作业是否严格履行审批手续。

查有限空间的安全警示标示是否齐全。

查是否“先通风、再检测、后作业”，检测记录是否齐全。

查个体防护装备是否齐全。

查应急处置方案是否切合实际。

（六）砍剪树木

1. 督查方法

依据《国家电网公司电力安全工作规程（配电部分）（试行）》（国家电网安质〔2014〕265 号）的相关规定，现场检查砍剪树木。

《国家电网公司电力安全工作规程（配电部分）（试行）》（国家电网安质〔2014〕265 号）

4.5.12 城区、人口密集区或交通道口和通行道路上施工时，工作场所周围应装设遮栏（围栏），并在相应部位装设警告标示牌。必要时，派人看管。

5.3.1 砍剪树木应有人监护。

5.3.3 待砍剪的树木下方和倒树范围内不得有人逗留。

5.3.4 为防止树木（树枝）倒落在线路上，应使用绝缘绳索将其拉向与线路相反的方向，绳索应有足够的长度和强度，以免拉绳的人员被倒落的树木砸伤。

5.3.5 砍剪山坡树木应做好防止树木向下弹跳接近线路的措施。

5.3.8 风力超过 5 级时，禁止砍剪高出或接近带电线路的树木。

5.3.9 使用油锯和电锯的作业，应由熟悉机械性能和操作方法的人员操作。使用时，应先检查所能锯到的范围内有无铁钉等金属物件，以防金属物体飞出伤人。

2. 督查重点

查砍树现场的安全防护措施是否齐全。

查施工工器具是否合格并规范使用。

二、配电设备检修督查标准

（一）变压器检修

1. 督查方法

依据《国家电网公司电力安全工作规程（配电部分）（试行）》（国家电网安质〔2014〕265 号）的相关规定，现场检查变压器检修。

《国家电网公司电力安全工作规程（配电部分）（试行）》（国家电网安质〔2014〕265 号）

7.1 柱上变压器台架工作

……

7.2 箱式变电站工作

……

17.1.9 在 5 级及以上的大风以及暴雨、雷电、冰雹、大雾、沙尘暴等恶劣天气下，应停止露天高处作业。特殊情况下，确需在恶劣天气进行抢修时，应制定相应的安全措施，经本单位批准后方可进行。

17.1.11 峭壁、陡坡的工作场地或人行道上，冰雪、碎石、泥土应经常清理，靠外面一侧应设 1050 ～ 1200mm 高的栏杆，栏杆内侧设 180mm 高的侧板。

17.1.13 高处作业，除有关人员外，他人不得在工作地点的下面通行或逗留，工作地点下面应有遮栏（围栏）或装设其他保护装置。若在格栅式的平台上工作，应采取有效隔离措施，如铺设木板等。

17.2.2 安全带的挂钩或绳子应挂在结实牢固的构件上、或专为挂安全带用的钢丝绳上，并应采用高挂低用的方式。禁止挂在移动或不牢固的物件上［如隔离开关（刀闸）支持绝缘子、母线支柱绝缘子、避雷器支柱绝缘子等］。

17.2.4 作业人员作业过程中，应随时检查安全带是否拴牢。高处作业人员在转移作业位置时不得失去安全保护。

2. 督查重点

查变压器的高低压侧是否短路接地或高压侧接地、低压侧采取绝缘遮蔽措施。

查作业过程中人体与带电体的距离是否符合安全距离要求。

查高处作业防坠落措施是否齐全并正确落实。

（二）配电站、开闭所检修

1. 督查方法

依据《国家电网公司电力安全工作规程（配电部分）（试行）》（国家电网安质〔2014〕265 号）的相关规定，现场检查配电站、开闭所检修。

《国家电网公司电力安全工作规程（配电部分）（试行）》（国家电网安质〔2014〕265 号）

7.3 配电站、开闭所工作

……

13.1.1 接入高压配电网的分布式电源，并网点应安装易操作、可闭锁、具有明显断开点、可开断故障电流的开断设备，电网侧应能接地。

13.1.2 接入低压配电网的分布式电源，并网点应安装易操作、具有明显开断指示、具备开断故障电流能力的开断设备。

13.4.6 电网管理单位停电检修，应明确告知分布式电源用户停送电时间。由电网管理单位操作的设备，应告知分布式电源用户。以空气开关等无明显断开点的设备作为停电隔离点时应采取加锁、悬挂标示牌等措施防止误送电。

17.4 梯子

……

2. 督查重点

查部分停电工作时，隔离措施及警示标示是否执行到位。

查作业过程中人体与高压设备带电部分是否保持足够的安全距离。

查在带电设备周围使用工器具时，是否有防人身触电措施。

查现场安全工器具、施工器具是否合格并规范使用。

（三）计量、负控装置检修

1. 督查方法

依据《国家电网公司电力安全工作规程（配电部分）（试行）》（国家电网安质〔2014〕265号）的相关规定，现场检查计量、负控装置检修。

> 《国家电网公司电力安全工作规程（配电部分）（试行）》（国家电网安质〔2014〕265号）
>
> 7.4.3 现场校验电流互感器、电压互感器应停电进行，试验时应有防止反送电、防止人员触电的措施。
>
> 7.4.4 负控装置安装、维护和检修工作一般应停电进行，若需不停电进行，工作时应有防止误碰运行设备、误分闸的措施。

2. 督查重点

查电流互感器、电压互感器试验时是否有反送电措施。

查负控装置安装、维护和检修工作不停电时，是否有防止误碰运行设备、误分闸的措施。

（四）低压电气工作

1. 督查方法

依据《国家电网公司电力安全工作规程（配电部分）（试行）》（国家电网安质〔2014〕265号）的相关规定，现场检查低压电气工作。

> 《国家电网公司电力安全工作规程（配电部分）（试行）》（国家电网安质〔2014〕265号）

8.1.1 低压电气带电工作应戴手套、护目镜，并保持对地绝缘。

8.1.8 低压电气带电工作使用的工具应有绝缘柄，其外裸露的导电部位应采取绝缘包裹措施；禁止使用锉刀、金属尺和带有金属物的毛刷、毛掸等工具。

8.2.6 在配电柜（盘）内工作，相邻设备应全部停电或采取绝缘遮蔽措施。

2. 督查重点

查低压带电工作时，是否戴手套、护目镜，是否保持对地绝缘。

查低压带电作业时工具绝缘柄是否完好，查裸露的导电部位是否采取绝缘包裹措施。

查在配电柜（盘）内工作，相邻设备是否全部停电或采取绝缘遮蔽措施。

（五）二次系统工作

1. 督查方法

依据《国家电网公司电力安全工作规程（配电部分）（试行）》（国家电网安质〔2014〕265 号）的相关规定，现场检查二次系统工作。

《国家电网公司电力安全工作规程（配电部分）（试行）》（国家电网安质〔2014〕265 号）

10.1.3 二次设备箱体应可靠接地且接地电阻应满足要求。

10.3.2 在全部或部分带电的运行屏（柜）上工作，应将检修设备与运行设备以明显的标志隔开。

10.3.5 在继电保护、配电自动化装置、安全自动装置和仪表及自动化监控系统屏间的通道上安放试验设备时，不能阻塞通道，要与运行设备保持一定距离，防止事故处理时通道不畅。搬运试验设备时应防止误碰运行设备，造成相关运行设备继电保护误动作。清扫运行中的二次设备和二次回路时，应使用绝缘工具，并采取措施防止振动、误碰。

10.4.2 检验继电保护、配电自动化装置、安全自动装置和仪表、自动化监控系统和仪表的工作人员，不得操作运行中的设备、信号系统、保护压板。在取得运维人员许可并在检修工作盘两侧开关把手上采取防误操作措施后，方可断、合检修断路器（开关）。

2. 督查重点

查二次设备箱体是否接地，防二次设备误动措施是否落实。

查在二次运行屏（柜）上工作或检修设备时，是否与运行设备以明显的标志隔开。

（六）高压试验与测量工作

1. 督查方法

依据《国家电网公司电力安全工作规程（配电部分）（试行）》（国家电网安质〔2014〕265号）的相关规定，现场检查高压试验与测量工作。

《国家电网公司电力安全工作规程（配电部分）（试行）》（国家电网安质〔2014〕265号）

11.1.2 直接接触设备的电气测量，应有人监护。测量时，人体与高压带电部位不得小于表3-1（高压线路、设备不停电时的安全距离）的安全距离。夜间测量，应有足够的照明。

11.2.3 试验装置的金属外壳应可靠接地；高压引线应尽量缩短，并采用专用的高压试验线，必要时用绝缘物支持牢固。

11.2.4 试验装置的电源开关，应使用双极刀闸，并在刀刃或刀座上加绝缘罩，以防误合。试验装置的低压回路中应有两个串联电源开关，并装设过载自动跳闸装置。

11.2.5 试验现场应装设遮栏（围栏），遮栏（围栏）与试验设备高压部分应有足够的安全距离，向外悬挂“止步，高压危险！”标示牌。被试设备不在同一地点时，另一端还应设遮栏（围栏）并悬挂“止步，高压危险！”标示牌。

11.3.1 使用钳形电流表的测量工作。

……

11.3.2.1 测量绝缘电阻时，应断开被测设备所有可能来电电源，验明无电压，确认设备无人工作后，方可进行。测量中禁止他人接近被测设备。测量绝缘电阻前后，应将被测设备对地放电。

2. 督查重点

查直接接触设备的电气测量是否做好防人身触电的安全措施；查试验装置的金属外壳是否可靠接地。

查试验现场是否装设遮栏（围栏），是否与试验设备高压部分保持足够的安全距离；查被试设备不在同一地点时，另一端是否按规定做好安全防护措施。

查使用钳形电流表开展测量工作时，是否按规定做好防人身触电的安全措施。

查使用绝缘电阻表测量绝缘电阻时，是否断开被测设备所有可能来电侧的开关（刀闸）。

（七）起重作业

1. 督查方法

依据《国家电网有限公司电力建设起重机械安全监督管理办法》（国网安监二〔2021〕26号）及《国家电网公司电力安全工作规程（配电部分）（试行）》（国家电网安质〔2014〕265号）的相关规定，现场检查起重作业。

《国家电网公司电力安全工作规程（配电部分）（试行）》（国家电网安质〔2014〕265号）

14.2.6.3 两台及两台以上链条葫芦起吊同一重物时，重物的重量应小于每台链条葫芦的允许起重量。

16.2.2 起吊物件应绑扎牢固，若物件有棱角或特别光滑的部位时，在棱角和滑面与绳索（吊带）接触处应加以包垫。起重吊钩应挂在物件的重心线上。起吊电杆等长物件应选择合理的吊点，并采取防止突然倾倒的措施。

16.2.3 在起吊、牵引过程中，受力钢丝绳的周围、上下方、转向滑车内角侧、吊臂和起吊物的下面，禁止有人逗留和通过。

16.2.9 在带电设备区域内使用起重机等起重设备时，应安装接地线并可靠接地，接地线应用多股软铜线，其截面积不得小于16mm^2。

16.2.11 禁止与工作无关人员在起重工作区域内行走或停留。

16.2.12 作业时，禁止吊物上站人，禁止作业人员利用吊钩来上升或下降。

16.2.13 起重机上应备有灭火装置，驾驶室内应铺橡胶绝缘垫，禁止存放易燃物品。

2. 督查重点

查起重机上是否备有合格的灭火装置，驾驶室内是否铺橡胶绝缘垫；在带电区域内使用起重机等起重设备时，设备是否装设接地线并可靠接地。

查起吊物件是否绑扎牢固，若物件有棱角或特别光滑的部位时，在棱角或光滑面与绳索（吊带）接触处是否加以包垫。

查在起吊过程中，吊物上是否站人，作业人员是否利用吊钩来上升或下降；吊臂和起重物的下面，是否有人逗留或通过。

查两台及以上链条葫芦起吊同一重物时，重物的重量是否大于每台链条葫芦的允许起重量。

（八）动火作业

1. 督查方法

依据《国家电网公司电力安全工作规程（配电部分）（试行）》（国家电网安质〔2014〕265号）的相关规定，现场检查动火作业。

《国家电网公司电力安全工作规程（配电部分）（试行）》（国家电网安质〔2014〕265号）

15.1.2 动火作业中使用的机具、气瓶等应合格、完整。

15.2.1 动火作业，是指能直接或间接产生明火的作业，包括熔化焊接、切割、喷枪、喷灯、钻孔、打磨、锤击、破碎、切削等。

15.2.2 在重点防火部位或场所以及禁止明火区动火作业，应填用动火工作票，其方式有下列两种：

（1）填用配电一级动火工作票。

（2）填用配电二级动火工作票。

15.2.9 动火工作票所列人员的基本条件：

（1）一、二级动火工作票签发人应是经本单位考试合格，并经本单位批准且公布的有关部门负责人、技术负责人或经本单位批准的其他人员。

（2）动火工作负责人应是具备检修工作负责人资格并经工区考试合格的人员。

（3）动火执行人应具备有关部门颁发的资质证书。

15.2.11.5 动火作业应有专人监护，动火作业前应清除动火现场及周围的易燃物品，或采取其他有效的防火安全措施，配备足够适用的消防器材。

15.2.11.7 动火作业间断或终结后，应清理现场，确认无残留火种后，方可离开。

15.2.11.8 下列情况禁止动火：

（1）压力容器或管道未泄压前。

（2）存放易燃易爆物品的容器未清洗干净前或未进行有效置换前。

（3）风力达 5 级以上的露天作业。

（4）喷漆现场。

（5）遇有火险异常情况未查明原因和消除前。

15.3.5.3 禁止将氧气瓶与乙炔瓶、与易燃物品或与装有可燃气体的容器放在一起运送。

2. 督查重点

查动火执行人、动火工作票签发人、动火工作负责人是否具备相应的资格。

查动火作业是否正确履行审批手续。

查现场使用气瓶是否符合规范要求，现场防火措施是否满足实际需要。

第五节　配电施工安全督查工作标准

一、线路施工督查标准

（一）配电线路

1. 督查方法

依据《国家电网公司电力安全工作规程（配电部分）（试行）》（国家电网安质〔2014〕265 号）中“6.1 坑洞开挖”“6.2 杆塔上作业”“6.3 杆塔施工”“6.4 放线、紧线与撤线”“6.5 高压架空绝缘导线工作”“6.6 邻近带电导线的工作”“6.7 同杆（塔）架设多回线路中部分线路停电的工作”“16.2 起重”，及《国家电网有限公司电力建设安全工作规程　第 2 部分：线路》（Q/GDW 11957.2—2020）中“10.1 土石方开挖”“10.3 混凝土基础施工”“11.1 杆塔工程一般规定”“11.3 杆塔组立”的相关规定，现场检查配电线路。

2. 督查重点

查坑洞开挖前、开挖期间的防护措施、安全措施落实情况。

查杆塔基础附近开挖时工作人员是否执行防护措施、现场加装临时拉线是否符合要求。

查混凝土工程施工方案是否按规定进行审批、论证，开展安全技术交底，作业时严格作业票管理。

查在有电缆、光缆及管道等地下设施的地方开挖时，是否事先取得有关管理部门的同意，并有相应的安全措施且有专人监护。

查线杆滚动时滚动前方是否有人。线杆顺向移动时，是否随时将支垫处用木楔掩牢。

查作业人员杆塔作业前准备工作情况，杆塔作业、杆塔检修（施工）时的安全措施执行情况，放线、紧线、撤线工作是否规范。

邻近带电线路作业时，是否使用绝缘绳索传递，较大的工具是否用绳拴在牢固的构件上。

查高处绝缘导线、邻近带电导线、同塔多回部分停电工作时的安措设置情况。

查牵引过程中人员受力钢丝绳的周围、上下方、转向滑车内角侧、吊臂和起吊物的下面，是否有人逗留或通过。

查起重设备的安全管理、安全措施落实情况。

（二）电缆施工

1. 督查方法

依据《国家电网有限公司电力建设安全工作规程 第 2 部分：线路》（Q/GDW 11957.2—2020）中“14.1 电缆线路一般规定”“14.2 电缆敷设”“14.3 电缆头施工”“14.4 电缆试验”、《国家电网公司电力安全工作规程（配电部分）（试行）》（国家电网安质〔2014〕265 号）中“12.1 电力电缆工作一般要求”“12.2

电力电缆施工作业”“12.3 电力电缆试验”，及《国家电网有限公司有限空间作业安全规定》（安监二〔2021〕25 号）的相关规定，现场检查电缆施工。

2. 督查重点

查施工单位是否派专人指挥电缆敷设施工，是否落实现场安全措施。

查电缆直埋敷设施工前的勘察情况、防坍塌措施。

查电缆展放敷设过程中，转弯处是否设专人监护；电缆通过孔洞、管子或楼板时，两侧是否设专人监护人。

查电缆悬吊保护措施，查电缆井、电缆隧道内工作时的通风情况、记录。

检查勘察记录询问地下管线分布情况，查开断电缆前、开启电缆井井盖、电缆沟盖板及电缆隧道人孔盖后的安措情况。

查非开挖施工、电缆试验过程中、电缆试验结束时的安全措施。

检查气体检测仪及记录询问现场安全措施查有限空间作业是否遵循五条规定进行，是否先通风、再检测、后作业。

查电缆头施工时的安全措施。

（三）高处作业

1. 督查方法

依据《国家电网公司电力安全工作规程（配电部分）（试行）》（国家电网安质〔2014〕265 号）中“17.1 高处作业一般要求”“17.2 安全带”“17.3 脚手架”“17.4 梯子”的相关规定，现场检查高处作业。

2. 督查重点

查高处作业是否具备安全工作条件、是否设置安全措施，人员、设备资质是否符合要求。

查高处作业是否使用工具袋或用绳索拴在牢固的构件上，传递材料、工器具是否使用绳索。

查高处作业人员的安全措施及登高器具的规范使用要求是否落实到位。

二、设备安装督查标准

（一）变压器安装

1. 督查方法

依据《国家电网有限公司电力建设安全工作规程 第1部分：变电》（Q/GDW 11957.1—2020）中“6.5.2 变压器设备要求”，及《国家电网公司电力安全工作规程（配电部分）（试行）》（国家电网安质〔2014〕265号）中“7.1 柱上变压器台架工作”“7.2 箱式变电站工作”“7.3 配电站、开闭所工作”“17.1 高处作业一般要求”“17.2 安全带”“17.4 梯子”的相关规定，检查作业票，询问安全措施，现场检查变压器安装。

2. 督查重点

查变压器底部距离地面的高度是否大于2.5m。

查组立后的支柱是否有倾斜、下沉及支柱基础积水等现象。

查地面平台安装的变压器，平台是否高出地面0.5m，四周是否装设高度不低于1.8m的围栏，并设安全标识。

查变压器引线与电缆连接时，电缆及其终端头是否与变压器外壳直接接触。

高处作业是否装设围栏、是否正确使用安全带，使用的工具材料是否有放坠落措施。

检查防止反送电措施。

（二）配电站、开闭所安装

1. 督查方法

依据《国家电网有限公司电力建设安全工作规程 第1部分：变电》（Q/GDW 11957.1—2020）中“11.10 盘、柜安装”“11.11.2 硬母线安装”，及《国家电网公司电力安全工作规程（配电部分）（试行）》（国家电网安质〔2014〕265号）中“7.3 配电站、开闭所工作”“10.1 二次系统工作一般要求”“11.1 高压试验与测量工作一般要求”“11.2 高压试验”的相关规定，现场检查配电站、开闭所安装。

2. 督查重点

查盘、柜就位时是否有防止倾倒伤人和损坏设备的措施，撬动就位时人力是否足够，并有统一指挥。

查开关柜、低压配电屏、保护盘、控制盘及各式操作箱等部分带电时，是否采取相应措施。

施工区周围的孔洞是否采取可靠的措施进行遮盖，防止人员摔伤。

查继电保护、配电自动化装置、安全自动装置及自动化监控系统试验或一次通电前，是否通知运维人员和有关人员，并指派专人到现场监视。

查高压试验过程的安全措施落实。

查二次系统调试的防止反送电措施。

（三）高压试验与测量

1. 督查方法

依据《国家电网公司电力安全工作规程（配电部分）（试行）》（国家电网安质〔2014〕265 号）中“11.1 高压试验与测量工作一般要求”“11.2 高压试验与测量工作高压试验”“12 电力电缆工作”的相关规定，现场检查高压试验与测量。

2. 督查重点

查直接接触设备的电气测量，是否做好防人身触电的安全措施；夜间测量，照明是否充足。

查试验装置的金属外壳是否可靠接地；电源开关是否满足安全电源要求。

查试验现场是否装设遮栏（围栏），试验人员与试验设备高压部分是否有足够的安全距离。

查被试设备不在同一地点时，另一端是否按规定做好安全防护措施。

查试验使用的短路线是否规范。

电缆耐压试验加压是否采取防止人员误入的安全措施。

（四）起重与运输

1. 督查方法

依据《国家电网公司电力安全工作规程（配电部分）（试行）》（国家电网安质〔2014〕265 号）中“16.1 起重与运输一般要求”“16.2 起重”“16.3 运输”，及《国家电网有限公司电力建设安全工作规程 第 1 部分：变电》（Q/GDW 11957.1—2020）中“8.1 起重机械”“9.1 机动车运输”的相关规定，现场检查起重与运输。

2. 督查重点

查起重运输人员、设备、车辆是否具备工作条件，及牵引前的安措布置情况。

查起重作业的安全措施。

查装卸电杆等物件时，是否采取防止滚动、移动伤人的措施。

查运输工作布置情况。分散卸车时，每卸一根之前，是否防止其余杆件滚动；每卸完一处，是否将车上其余的杆件绑扎牢固后继续运送。

查起重设备的安全防护措施是否满足作业条件。查起重设备是否安装接地线并可靠接地，截面积是否大于 $16mm^2$。

查起重机械的各种监测仪表以及制动器、限位器、安全阀、闭锁机构等安全装置是否完好齐全、灵敏可靠，是否利用限制器和限位装置代替操纵机构。

（五）临时用电

1. 督查方法

依据《国家电网有限公司电力建设安全工作规程 第 1 部分：变电》（Q/GDW 11957.1—2020）中“6.5 施工用电”的相关要求，现场检查临时用电。

2. 督查重点

查配电系统是否实行三级配电，有无短路、过载保护器和剩余电流动作保护装置。

查配电箱金属外壳接地或接零是否良好，导线进入配电箱是否采取固定措施，操作部位是否有带电体裸露，是否有定期检查记录。

查开关和熔断器的容量是否满足被保护设备的要求，闸刀开关是否有保护罩，是否用其他金属丝代替熔丝。

查临时电源使用是否满足“一机一闸一保护”要求。

（六）动火作业

1. 督查方法

依据《国家电网公司电力安全工作规程（配电部分）（试行）》（国家电网安质〔2014〕265 号）中“15.1 动火工作一般要求”“15.2 动火作业”“15.3 焊接、切割”的相关要求，现场检查动火作业。

2. 督查重点

查动火人员资质、动火工器具的合格完整性，动火工作票的规范性及消防器材准备情况。

查现场动火作业的监护情况，焊接、切割工作规范情况。

查氧气瓶和乙炔气瓶运输、存储、放置情况。

查消防器材是否合格，检查记录是否准确。

第六节　基建线路施工安全督查工作标准

一、索道运输

1. 督查方法

依据《输变电工程建设施工安全风险管理规程》（Q/GDW 12152—2021）中输变电工程风险库“04050003 金属索道架设及运输”“04050004 木质索道

架设及运输”，及《国家电网有限公司电力建设安全工作规程 第2部分：线路》（Q/GDW 11957.2—2020）的相关要求，现场检查索道运输。

《国家电网有限公司电力建设安全工作规程 第2部分：线路》（Q/GDW 11957.2—2020）

9.5.5 索道料场支架处应设置限位装置，低处料场及坡度较大的支架处宜设置挡止装置。

9.5.6 索道架设完成后，或经长期停运使用前，应经使用单位和监理单位安全检查验收合格后才能投入试运行，索道试运行合格后，方可运行。

9.5.8 索道架设后应在各支架及牵引设备处安装临时接地装置。

9.5.11 牵引设备卷筒上的钢索至少应缠绕5圈。牵引设备的制动装置应经常检查，保持有效的制动力。

9.5.12 索道运行过程中不得有人员在承重索下方停留。待驱动装置停机后，装卸人员方可进入装卸区域作业。

9.5.14 索道不得超载使用，不得载人。

2. 督查重点

查索道支架是否稳固，支架拉线对地夹角是否超过45°。

查限位和挡止装置是否齐全有效。

查驱动装置是否设置在承载索下方。

查沿线是否通信畅通。

查索道是否经使用单位和监理单位验收、试运行合格。

查牵引设备卷筒上的钢索缠绕圈数是否低于5圈。

查各支架及牵引设备处是否安装临时接地装置。

查索道运输是否有超载、运送人员现象，索道下方是否站人，驱动装置未停机时装卸人员有无进入装卸区域行为。

查承载索的锚固、拉线、各种索具、索道支架是否定期检查，牵引索的钳口使用过程中是否经常检查，定期更换。

二、基础施工

1. 督查方法

依据《国家电网有限公司电力建设安全工作规程　第2部分：线路》（Q/GDW 11957.2—2020）的相关要求，现场检查基础施工。

《国家电网有限公司电力建设安全工作规程　第2部分：线路》（Q/GDW 11957.2—2020）

5.1 分部分项工程开始作业条件

……

6.3 施工用电

……

8.2.12.2 电动设备操作人员作业时应穿绝缘胶鞋和戴绝缘手套。

10.1.1.5 作业人员上下基坑时应有可靠的扶梯或坡道，不得相互拉拽、攀登挡土板支撑上下，作业人员应在地面安全地点休息。

10.1.1.6 堆土应距坑边 1m 以外，高度不得超过 1.5m。

10.1.4.1 施工场地应平整，附近障碍物应清除，作业区应有明显标志或围栏。

10.1.4.4 挖掘机开挖时遵守下列规定：

a）应避让作业点周围的障碍物及架空线。

b）人员不应进入挖斗内，不应在伸臂及挖斗下面通过或逗留。

c）不得利用挖斗递送物件。

d）暂停作业时，应将挖斗放到地面。

e）挖掘机作业时，在同一基坑内不应有人员同时作业。

10.2 爆破施工

……

10.3.6 拆除模板应自上而下进行。拆下的模板应集中堆放。木模板外露的铁钉应及时拔掉或打弯。

10.3.9 人工浇筑混凝土遵守下列规定：

a）浇筑混凝土或投放大石时，必须听从坑内捣固人员的指挥。

b）坑口边缘1m 以内不得堆放材料和工具。

c）捣固人员不得在模板或撑木上走动。

10.4.2.5 孔内作业应坚持“先通风、再检测、后作业”的原则，在氧气浓度、有害气体、可燃性气体、粉尘的浓度可能发生变化的环境中作业应保持必要的测定次数或连续检测。孔口设置安全防护围栏和安全警示标志，必要时夜间应设警示红灯。当孔深超过 10m 时或孔内有沼气等有害气体时，应对孔内进行送风补氧。人员每次下井作业前，应先行对孔内送风 10min 以上。

2. 督查重点

查专业分包工程的重要临时设施、重要施工工序、特殊作业、危险作业项目以及危险性较大的分部分项工程作业时，承包单位是否派员监督。

查爆破工程是否签订合同及安全协议，爆破单位和人员是否具有相关资质，是否向当地公安部门申请、备案。

查施工用电设施安装、运行、维护、拆除是否由专业电工负责，是否有定期检查记录，电源、电源线、配电箱等是否规范，是否满足“一机一闸一保护”要求等查坑边堆土以及放坡是否满足要求。

查凿岩机或风钻操作人员是否戴口罩和风镜。

查挖掘机开挖是否避让作业点周围的障碍物及架空线，人员是否进入挖斗内，是否在伸臂及挖斗下面通过或逗留。

查上下基坑是否有可靠的梯子，是否做好临边防护措施，作业人员是否在基坑内休息。

查作业人员是否在模板或撑木上走动。

查木模板外露的铁钉是否及时拔掉或打弯。

查振捣作业人员是否穿绝缘靴、戴绝缘手套。

查人工挖孔桩作业是否设专人监护，提土装置是否稳固，是否落实“先通风、再检测、后作业”的措施，送排风设备、坑下照明及电动工器具是否符合安全用电要求，人员是否沿专用爬梯上下，是否有应急处置措施。

三、组塔施工

1. 督查方法

依据《国家电网有限公司电力建设安全工作规程 第2部分：线路》（Q/GDW 11957.2—2020）的相关要求，现场检查组塔施工。

《国家电网有限公司电力建设安全工作规程 第2部分：线路》（Q/GDW 11957.2—2020）

8.1 起重机械

……

8.2.13.1 绞磨和卷扬机应放置平稳，锚固应可靠，并应有防滑动措施。受力前方不得有人。

8.2.13.3 机动绞磨宜设置过载保护装置，不得采用松尾绳的方法卸荷。

11.1 一般规定

11.1.3 组塔作业区域应设置提示遮栏等明显安全警示标志，非作业人员不得进入作业区。

11.4 倒落式人字抱杆整体组立杆塔

……

11.5 分解组立钢筋混凝土电杆

……

11.7 内悬浮内（外）拉线抱杆分解组塔

……

11.8 座地摇（平）臂抱杆分解组塔

……

11.9 流动式起重机组塔

……

2. 督查重点

查作业区域是否设置遮栏等安全警示标志，非作业人员是否进入作业区。

查地脚螺栓是否加垫板并拧紧螺帽及打毛丝扣，接地线安装是否及时。

查吊件垂直下方、受力钢丝绳的内角侧是否有人员逗留和通过。

查钢丝绳与金属构件绑扎处是否衬垫软物，组立杆塔或抱杆的临时拉线材质是否符合要求。

查机动绞磨是否锚固可靠、放置平稳，绞磨操作是否符合要求，绞磨受力时是否用松尾绳的方法卸荷。

查临时锚桩是否按要求布设，马道与受力方向是否一致，是否有防雨水浸泡措施，是否用树木或外露岩石等承力大小不明物体作为主要受力钢丝绳地锚，是否经过检查验收。

查总牵引地锚出土点、制动系统中心、抱杆顶点及杆塔中心四点是否在同一垂直面上，电杆的临时拉线数量是否满足要求，临时拉线在地面未固定前是否登杆作业。

查采用内悬浮内（外）拉线抱杆分解组塔时，承托绳是否绑扎在主材节点的上方，内拉线的下端是否绑扎在主材节点下方，升降抱杆是否有防倾倒措施，多次对接组立抱杆是否采取倒装方式。

查座地摇（平）臂抱杆组塔是否坐落在坚实稳固平整的地基或设计规定的基础上，摇臂的中部位置或非吊挂滑车位置是否悬挂起吊滑车或其他临时拉线，平臂抱杆是否配置力矩、风速等监控装置。

查起重机支腿是否可靠，起吊作业是否在起重机的侧向和后向进行，与带电体之间是否满足安全距离，是否存在超载、斜拉、斜吊现象，起重臂下和重物经过的地方是否有人逗留或通过。

四、跨越施工

1. 督查方法

依据《国家电网有限公司电力建设安全工作规程 第2部分：线路》（Q/GDW 11957.2—2020）中“12.1 跨越架搭设与拆除”“13.2 人力及机械牵引放线”“13.3 张力放线”的相关要求，现场检查跨越施工。

2. 督查重点

查跨越架材质、搭拆顺序是否符合有关规范要求。

查跨越架宽度、立杆、横杆间距，扫地杆、撑杆、剪刀撑、羊角、拉线设置、绑扎是否规范，中心是否在线路中心线上。

查跨越架搭设与被跨越物的最小安全距离是否符合规定。

查地锚埋设、防雨措施是否规范，拉线规格、角度、绳索尾头绑扎是否符合规程。

查跨越架是否经验收合格、挂牌使用。

查不停电跨越是否开具电力线路第二种工作票，是否执行“退出重合闸”程序，跨越处是否设置监护，跨越塔是否有二道保护，绝缘绳、绝缘网、安全距离等是否符合安规要求。

查停电跨越是否开具电力线路第一种工作票，停电、验电、挂拆接地线、恢复送电程序是否规范。

五、架线施工

1. 督查方法

依据《国家电网有限公司电力建设安全工作规程 第2部分：线路》（Q/GDW 11957.2—2020）的相关要求，现场检查架线施工。

《国家电网有限公司电力建设安全工作规程 第2部分：线路》（Q/GDW 11957.2—2020）

8.3.8 导线、地线网套连接器

……

8.3.11 旋转连接器

……

11.1.3 组塔作业区域应设置提示遮栏等明显安全警示标志，非作业人员不得进入作业区。

12.2 人力及机械牵引放线

……

12.3 张力放线

……

12.4 压接

……

12.6.4 紧线过程中监护人员应遵守下列规定。

……

12.6.7 耐张线夹安装应遵守下列规定。

……

12.6.10 分裂导线的锚线作业应遵守下列规定。

……

12.7 附件安装

……

12.8.1 平衡挂线时，不得在同一相邻耐张段的同相（极）导线上进行其他作业。

12.10 预防电击

……

2. 督查重点

查作业区域是否设置遮栏等安全警示标志，非作业人员是否进入作业区。

查导、地线展放是否做到专人指挥、信号统一、通信畅通，沿线跨越处是否有人监护。

查放线滑车、网套、卡线器、旋转及抗弯连接器是否有缺陷，规格是否正确，使用是否规范，线盘支架是否稳固。

查作业人员是否站在线圈内操作，牵引过程中牵引绳进入的主牵引机高速转向滑车与钢丝绳卷车的内角侧是否有人。

查引绳展放是否符合安规要求（含人力展放及无人机等方式）。

查牵引设备及张力设备的锚固是否可靠，接地是否良好。

查转角杆塔放线滑车的预倾措施和导线上扬处的压线措施是否可靠。

查压接作业是否正确执行压接规程和施工方案。

查紧线杆塔临时拉线及临锚是否规范，是否有人站在悬空导线、地线的垂直下方，是否有人跨越将离地面的导线或地线。

查高处安装耐张线夹时是否采取防跑线措施。

查附件安装时安全绳或速差自控器是否拴在横担主材上，安装间隔棒时是否使用后备保护绳，在带电线路上方的导线上测量间隔棒距离时是否使用干燥的绝缘绳，拆除多轮放线滑车时是否直接用人力松放。

查平衡挂线时是否在同一相邻耐张段的同相（极）导线上进行其他作业。

查预防电击措施是否落实，工作接地线和保安接地线是否规范管理和使用。

六、拆旧施工

1. 督查方法

依据《国家电网有限公司电力建设安全工作规程 第 2 部分：线路》（Q/GDW 11957.2—2020）的相关要求，现场检查拆旧施工。

《国家电网有限公司电力建设安全工作规程 第 2 部分：线路》（Q/GDW 11957.2—2020）

11.11 杆塔拆除

……

12.9.6 拆除旧导线、地线应遵守下列规定：

a）不得带张力断线。

b）松线杆塔做好临时锚固措施。

c）旧线拆除时，采用控制绳控制线尾，防止线尾卡住。

12.9.7 以旧线牵引新线换线应遵守下列规定：

a）注意旧线缺陷，必要时采取加固措施。

b）新旧线连接可靠，并能顺利通过滑轮。

c）采用以旧线带新线的方式施工，应检查确认旧线完好牢固；若放线通道中有带电线路和带电设备，应与之保持安全距离，无法保证安全距离时应采取搭设跨越架等措施或停电。

d）牵引过程中应安排专人跟踪新旧线连接点，发现问题立即通知停止牵引。

2. 督查重点

查是否依据现场实际选择合理的拆除方式。

查是否在塔上有导、地线的情况下整体拆除。

查整体倒塔时是否明确倒塔方向并采取控制措施，是否设立 1.2 倍倒杆距离警戒区，是否安排专人巡查监护。

查分解拆除铁塔时是否按照组塔的逆顺序操作，是否先将待拆构件受力后，再拆除连接螺栓。

查拆除杆塔的受力构件前是否转换构件承力方式或对其进行补强。

查使用起重机作业、气（焊）割作业时是否遵守相关规定。

查拆除后的废旧塔材及基础是否存在安全隐患。

查拆除旧导地线是否带张力断线，松线杆塔是否做好临时锚固措施，是否采用控制绳控制线尾。

查以旧线牵引新线时旧线是否有缺陷，是否采取措施确保新旧线连接可靠，顺利通过滑车。

第七节　基建变电施工安全督查工作标准

一、基础施工

1. 督查方法

依据《国家电网有限公司电力建设安全工作规程　第 1 部分：变电》（Q/GDW 11957.1—2020）的相关要求，现场检查基础施工。

《国家电网有限公司电力建设安全工作规程 第1部分：变电》(Q/GDW 11957.1—2020)

10.1.1 土石方施工一般规定。

……

10.1.5.3 采用大型机械挖掘土石方时，应对机械的停放、行走、运土石的方法与挖土分层深度等制定施工方案。

10.3 脚手架施工

……

10.4.2.1 模板安装要求

……

10.4.3.3 钢筋安装要求

……

10.6.2 墙身砌体高度超过地坪1.2m以上时，应使用脚手架。不得用砖垛或灰斗搭设临时脚手架。

10.7.12 当墙面刷涂料高度超过1.5m时，应搭设操作平台。

2. 督查重点

查施工区域是否设围栏及安全警示标志，是否悬挂夜间警示灯。

查开挖边坡是否满足设计要求，坑口、沟槽等坑边堆土是否满足要求，护坡措施是否到位，上下基坑是否有可靠扶梯或坡道。

查机械停放、行走有无制定施工方案，机械开挖是否符合安全要求。

查模板装、拆顺序是否符合要求，模板支撑杆件是否符合强度要求。

查材料堆放是否符合要求，是否按要求摆放梯子、搭设操作平台。

查现场脚手架搭设是否与施工方案一致，作业人员是否持证上岗，脚手架是否验收合格并悬挂安全警示标志，是否设置防雷接地措施，地锚设置是否合理有效，是否定期检查维护。

二、一次设备安装

1. 督查方法

依据《国家电网有限公司电力建设安全工作规程 第1部分：变电》（Q/GDW 11957.1—2020）的相关要求，现场检查一次设备安装。

《国家电网有限公司电力建设安全工作规程 第1部分：变电》（Q/GDW 11957.1—2020）

7.1.5 高处作业人员应正确使用安全带，宜使用坠落悬挂式安全带，构支架施工等高处作业时，应采用速差自控器等后备保护设施。安全带及后备防护设施应高挂低用。高处作业过程中，应随时检查安全带绑扎的牢靠情况。在没有脚手架或者在没有栏杆的脚手架上工作，高度超过1.5m时，应使用安全带，或采取其他可靠的安全措施。

7.3.25 起重指挥应遵守下列规定。

……

10.9.1 构支架施工一般规定。

……

10.9.3 构支架吊装。

……

10.10 钢结构吊装施工

……

11.2.3 进行变压器、电抗器内部作业时，通风和安全照明应良好，并设专人监护；作业人员应穿无纽扣、无口袋的工作服、耐油防滑靴等专用防护用品；带入的工具应拴绳、登记、清点，严防工具及杂物遗留在器身内。

11.2.6 油浸变压器、电抗器在放油及滤油过程中，外壳、铁芯、夹件及各侧绕组应可靠接地，储油罐和油处理设备本体以及油系统的金属管道应可靠接地，防止静电火花。

11.2.7 储油和油处理现场应配备足够、可靠的消防器材，应制定明确的消防责任制，10m 范围内不得有火种及易燃易爆物品。

11.3.2 在下列情况下不得搬运开关设备：

a）隔离开关、闸刀型开关的刀闸处在断开位置时。

b）断路器、传动装置以及有返回弹簧或自动释放的开关，在合闸位置和未锁好时，在分闸位置能量未释放时。

11.3.4 六氟化硫气瓶的搬运和保管，应符合下列要求：

a）六氟化硫气瓶的安全帽、防振圈应齐全，安全帽应拧紧。存放气瓶应竖立并有防倾倒措施，标志向外。搬运时应轻装轻卸，不得抛掷、溜放，应符合DL/T 639 标准规定。

b）六氟化硫气瓶应存放在防晒、防潮和通风良好的场所。不得靠近热源和油污的地方，水分和油污不应粘在阀门上。

c）六氟化硫气瓶不得与其他气瓶混放 。

11.3.5 在调整、检修断路器及传动装置时，应有防止断路器意外脱扣伤人的可靠措施，施工作业人员应避开断路器可动部分的动作空间。

11.5.1 吊索应固定在设备专用吊环上，并不得碰伤瓷套，不得利用伞裙作为吊点进行吊装。

11.11.1.1 测量母线档距时应有安全措施，在带电体周围不得使用钢卷尺、夹有金属丝皮卷尺和线尺等进行测量作业，宜使用光学仪器进行测量。

11.11.1.4 导线压接用的液压机的压力表应完好，液压机的油位应正常。压接操作过程中应有专人监视压力表读数，不得超压或在夹盖未固定到位的状态下使用。

12.2 临近带电体的作业

……

2. 督查重点

查起重操作人员是否持证上岗，是否有专人指挥吊车，高处人员是否正确使用安全带。

查工器具是否拴绳、登记、清点，严防工具及杂物遗留在器身内。

查施工现场是否有充足的消防器材，滤油等作业时相关设备、机械是否可靠接地。

查断路器、隔离开关在合闸位置和未锁好时是否搬运和吊装，绑扎是否牢固，作业人员是否避开开关可动部分的动作空间，以防开关意外脱扣伤人。

查是否有攀爬套管行为，是否利用伞裙作为吊点吊装。

查六氟化硫气瓶的安全帽、防震圈是否齐全，气瓶存放是否符合要求。

查钢构支架堆放是否符合要求，吊装时是否设置缆风绳，是否设置水平、垂直安全绳，地锚及拉线设置是否正确，架构组立后是否及时接地。

查液压机压力表是否完好，金具连接是否可靠，带电区域测量是否使用绝缘设备、新架设母线是否及时接地。

三、二次设备安装

1. 督查方法

依据《国家电网有限公司电力建设安全工作规程 第1部分：变电》（Q/GDW 11957.1—2020）的相关要求，现场检查二次设备安装。

《国家电网有限公司电力建设安全工作规程 第1部分：变电》（Q/GDW 11957.1—2020）

7.2.2 有限空间作业应坚持“先通风、再检测、后作业”的原则，作业前应进行风险辨识，分析有限空间内气体种类并进行评估监测，做好记录。出入口应保持畅通并设置明显的安全警示标志，并根据需要在缆沟出入口设置安全防护围栏，夜间应设警示红灯。

11.9.1 蓄电池在转运过程中，应轻搬轻放，不得有强烈冲击和振动，不得倒置、重压和日晒雨淋。

11.9.2 蓄电池存放地点应清洁、通风、干燥，搬运电池时不得触动极柱和安全阀。

11.9.6 紧固电极连接件时所用的工具要带有绝缘手柄，应避免蓄电池极柱短路。

11.10.2 盘、柜就位要防止倾倒伤人和损坏设备，撬动就位时人力应足够，指挥应统一。狭窄处应防止挤伤 。

11.10.4 盘、柜在安装固定好以前，应有防止倾倒的措施，特别是重心偏在一侧的盘柜。对变送器等稳定性差的设备，安装就位后应立即将全部安装螺栓紧好，不得浮放。

11.10.8 高压开关柜、低压配电屏、保护盘、控制盘及各式操作箱等需要部分带电时，应符合下列规定。

……

11.12.1 电缆安装一般规定。

……

11.12.4.1 进行充油电缆接头安装时，应作好充油电缆接头附件及油压力箱的存放作业，并配备必要的消防器材。

11.12.4.4 制作环氧树脂电缆头和调配环氧树脂作业过程中，应采取有效的防毒和防火措施。

2. 督查重点

查电缆盘结构是否牢固平稳，电缆敷设是否由专人指挥，是否有明确的联系信号。

查电缆敷设时拐弯处是否设专人监护，高处、临边敷设电缆是否有防坠落措施。

查电缆穿入带电盘柜前电缆端头是否做绝缘包扎处理。

查电缆隧道有无充足的照明，是否有防水、防火、通风措施，进入电缆井、电缆隧道时是否坚持“先通风、再检测、后作业”的原则。

查高压电缆头制作时是否配备足够的消防器材。

查盘柜就位时，是否统一指挥，是否有防倾倒的措施。

查盘柜需要部分带电时，带电系统与非带电系统是否有明显可靠的隔断措施并悬挂安全标示。

查安装搬运蓄电池是否做到轻搬轻放，是否触动极柱和安全阀，安装工器具是否带有绝缘手柄。

四、试验调试

1. 督查方法

依据《国家电网有限公司电力建设安全工作规程　第1部分：变电》（Q/GDW 11957.1—2020）的相关要求，现场检查试验调试。

《国家电网有限公司电力建设安全工作规程　第1部分：变电》（Q/GDW 11957.1—2020）

11.14.1.1 试验人员应具有试验专业知识，充分了解被试设备和所用试验设备、仪器的性能。试验设备应合格有效，不得使用有缺陷及有可能危及人身或设备安全的设备。

11.14.2.1 进行高压试验时，应明确试验负责人，试验人员不得少于 2 人，试验负责人是作业的安全责任人，对试验作业的安全全面负责。

11.14.2.2 高压试验设备和被试验设备的接地端或外壳应可靠接地，低压回路中应有过载自动保护装置的开关并串用双极刀闸。接地线应采用多股编织裸铜线或外覆透明绝缘层铜质软绞线或铜带，接地线的截面应能满足相应试验项目要求，但不得小于 $4mm^2$。动力配电装置上所用的接地线其截面不得小于 $25mm^2$，且应符合 GB 26861 的规定。

11.14.2.3 现场高压试验区域应设置遮栏或围栏，向外悬挂“止步，高压危险！”的安全标志牌，并设专人看护，被试设备两端不在同一地点时，另一端应同时派人看守。

2. 督查重点

查试验设备是否检测合格，试验人员是否具有试验专业知识，是否有两人及以上进行试验。

查试验及被试设备是否可靠接地，线路参数测试、耐压试验（一次设备、高压电缆）及传动试验时是否设置安全围栏并设专人监护。

五、改扩建施工

1. 督查方法

依据《国家电网有限公司电力建设安全工作规程 第 1 部分：变电》（Q/GDW 11957.1—2020）的相关要求，现场检查改扩建施工。

《国家电网有限公司电力建设安全工作规程 第 1 部分：变电》（Q/GDW 11957.1—2020）

12.1.1.2 开工前，施工单位应编制施工区域电气、通信等运行部分的物理和电气隔离方案，并经设备运维单位会审确认。

12.1.3 工作票

……

12.1.4 运行区域运输作业安全距离

……

12.1.5 运行区域常规作业

……

12.2.1 临近带电体的作业一般规定

……

12.2.3 施工机械作业安全距离

……

12.3.2 验电及接地

……

12.3.3.3 在室外高压设备上作业时，应在作业地点的四周设围栏，其出入口要围至邻近道路旁边，并设有“从此进出！”的安全标志牌，作业地点四周围栏上悬挂适当数量的“止步，高压危险！”的安全标志牌，标志牌应朝向围栏里面。若室外的大部分设备停电，只有个别地点保留有带电设备，其他设备无触及带电导体的可能时，可以在带电设备四周装设全封闭围栏，围栏上悬挂适当数量的“止步，高压危险！”的安全标志牌，标志牌应朝向围栏外面。

12.4.1 运行区域户外施工作业

……

12.4.3 运行或部分带电盘、柜内作业

……

2. 督查重点

查工作区域是否设置安全围栏并悬挂警示标志。

查工作票使用是否规范，人员、设备、机械等是否与带电体保持足够的安全距离，机械、设备外壳是否可靠接地。

查临近带电体施工是否有专人监护，运行盘柜内施工是否采取隔离措施，现场施工是否有防感应电措施。

六、施工用电

1. 督查方法

依据《国家电网有限公司电力建设安全工作规程 第1部分：变电》（Q/GDW 11957.1—2020）中“6.5.1 施工用电一般规定”“6.5.4 配电及照明要求”“6.5.6 用电及用电设备要求”的相关要求，现场检查施工用电。

2. 督查重点

查是否按方案进行施工，安装、运行、维护是否有具有资质的专业电工负责，是否有定期检查记录。

查电源箱是否坚固，外壳接地是否可靠，是否具有防火、防雨功能。查配电箱金属外壳接地或接零是否良好，导线进入配电箱是否采取固定措施，操作部位是否有带电体裸露，是否有定期检查记录。

查线路的材质、走向、埋深等是否符合要求，电缆接头是否有防水和防触电措施。

查配电箱的停、送电的顺序是否正确，漏电保护器是否符合要求。

查配电系统是否实行三级配电，有无短路、过载保护器和剩余电流动作

保护装置。

查开关和熔断器的容量是否满足被保护设备的要求，闸刀开关是否有保护罩，是否用其他金属丝代替熔丝。

查临时电源使用是否满足“一机一闸一保护”要求。

第八节　营销专业安全督查工作标准

一、装表接电督查标准

（一）电能表、采集终端安装

1. 督查方法

依据《国家电网有限公司营销现场作业安全工作规程（试行）》（国家电网营销〔2020〕480号）的相关要求，现场检查电能表、采集终端安装。

《国家电网有限公司营销现场作业安全工作规程（试行）》（国家电网营销〔2020〕480号）

6.3 工作票制度

……

7.3.6 低压线路和设备停电后，检修或装表接电等工作前，应在与停电检修部位或表计电气上直接相连的可验电部位验电。

8.2.7 在全部或部分带电的运行屏（柜）上进行工作时，应将检修设备与运行设备前后以明显的标志隔开。

8.2.8 在继电保护装置、安全自动装置及自动化监控系统、电能计量装置屏（柜）上或附近进行打眼等振动较大的工作时，应采取防止运用中设备误动作、二次回路开路或短路的措施，必要时向调控中心申请，经值班调控人员或运维负责人同意，将保护暂时停用。

8.2.9 在电能计量装置屏间的通道上搬运或安放试验设备时，不能阻塞通道，要与运行设备保持一定距离，防止事故处理时通道不畅，防止误碰运行设备，造成电压互感器二次回路短路或接地、电流互感器二次回路开路、相关运行设备继电保护误动作等。清扫计量二次回路时，要防止振动、防止误碰，要使用绝缘工具。

8.2.17 当打开箱（柜）门进行检查或操作时，应站位至箱门侧面，避免箱内设备异常引发的伤害。箱门开启后应采取有效措施对箱门进行固定，防范由于刮风或触碰造成箱门异常关闭而导致事故。

12.2 电能表与采集终端的装拆、现场校验及相关工作

……

17.1.3 采集终端的安装

……

2. 督查重点

查工具的外裸导电部位是否采取绝缘措施。

查弱电控制回路处理时，是否有绝缘包裹等可靠的防止短路的措施。

查接线回路是否采用标准统一的联合接线盒，防止接线压错端子，防止留下电压回路短路或电流回路开路隐患。

查计量箱（柜）孔洞、空隙是否使用防火材料（防火泥、防火板）严密封堵。

查导线进出计量箱（柜）时，是否做好密封和防止绝缘磨损的措施。

查计量现场施工的接地是否符合要求。

（二）电能表、采集终端装拆及故障处理

1. 督查方法

依据《国家电网有限公司营销现场作业安全工作规程（试行）》（国家电

网营销〔2020〕480号）的相关要求，现场检查电能表、采集终端装拆及故障处理。

《国家电网有限公司营销现场作业安全工作规程（试行）》（国家电网营销〔2020〕480号）

8.2 二次系统上的工作

……

9.3.2 电能计量装置的二次回路变动时，应按经审批后的图纸进行，工作前应隔离无用的接线，防止误拆或产生寄生回路。拆开的线头应采取绝缘包裹，或者整条二次线拆除清理。

9.3.4 现场检修

……

11.2.2.2 在客户侧开展电能计量、业扩报装、用电检查、分布式电源、充（换）电设备检修（试验）、综合能源等相关工作，可根据客户有关规定，执行客户方准许在电气设备上工作的书面安全要求，供电方作业人员保留备份。

12.2 电能表与采集终端的装拆、现场校验及相关工作

……

2. 督查重点

查分支箱开关是否悬挂“禁止合闸，有人工作”标识牌。

查工具的外裸导电部位是否采取绝缘措施。

查带电更换计量装置时是否首先在接线盒处采取防止电流互感器开路、电压互感器短路的措施。

（三）电能表现场检验

1. 督查方法

依据《国家电网有限公司营销现场作业安全工作规程（试行）》（国家电

网营销〔2020〕480号）的相关要求，现场检查电能表现场检验。

> 《国家电网有限公司营销现场作业安全工作规程（试行）》（国家电网营销〔2020〕480号）
>
> 8.2.10 电能计量装置做现场校验或一次通电时，应事先通知运维人员和其他有关人员，并由工作负责人或其指派专人到现场监视，方可进行。
>
> 8.2.15 校验电能表、电压互感器、电流互感器的作业人员，不准对运用中的非计量设备、信号系统、保护压板进行操作，禁止在变电站内操作、拉合与工作无关的检修断路器（开关）。
>
> 11.2.2 客户侧工作票制度
>
> ……
>
> 12.2.3 经互感器接入电能表的装拆、现场校验工作，应有防止电流互感器二次侧开路、电压互感器二次侧短路和防止相间短路、相对地短路、电弧灼伤的措施。

2. 督查重点

查临时电源使用是否规范。

查现场检验仪是否在试验周期内。

（四）互感器现场检验

1. 督查方法

依据《国家电网有限公司营销现场作业安全工作规程（试行）》（国家电网营销〔2020〕480号）的相关要求，现场检查互感器现场检验。

> 《国家电网有限公司营销现场作业安全工作规程（试行）》（国家电网营销〔2020〕480号）
>
> 7.2.2 变电作业现场，与停电设备有关的变压器、电压互感器以及无功补

偿装置等具有储能功能的设备，应将设备各侧断开，防止向停电检修设备反送电。

8.2 二次系统上的工作

……

8.3 高压试验与测量工作

……

9.3 配电二次系统上的工作

……

9.4 高压试验与测量工作

……

12.3 互感器的装拆、现场校验及相关工作

……

12.5.6 调整互感器二次压接线柱时，确保试验电流回零，并用万用表测试确认线柱无电流后，方可进行操作。

2. 督查重点

查联接试验线前，仪器外壳可靠接地，是否确认测量回路与线路可靠联接。

查试验人员是否站在绝缘垫上。

查解除接线前是否充分放电。

（五）电能计量装置二次回路检测

1. 督查方法

依据《国家电网有限公司营销现场作业安全工作规程（试行）》（国家电网营销〔2020〕480 号）的相关要求，现场检查电能计量装置二次回路检测。

《国家电网有限公司营销现场作业安全工作规程（试行）》（国家电网营销〔2020〕480号）

8.2.2 下列情况应填用变电第一种工作票。

……

8.2.3 下列情况应填用变电第二种工作票。

……

8.2.4 变电站内工作中遇有下列情况应填用二次工作安全措施票。在运行设备的二次回路上进行拆、接线工作。

8.2.6 营销作业人员在现场工作过程中，凡遇到异常情况（如因二次回路短路、开路等情况引起相关设备误动作），不论与本身工作是否有关，应立即停止工作，保持现状，待查明原因，确定与本工作无关时方可继续工作。

8.2.9 清扫计量二次回路时，要防止振动、防止误碰，要使用绝缘工具。

12.1.3 计量二次回路接线相关试验时，试验人员应具有试验专业知识，充分了解被试设备和所用试验设备、仪器的性能。试验设备应合格有效，不得使用有缺陷及有可能危及人身或设备安全的设备。

12.3.4 在带电的电流互感器二次回路上工作。应采取措施防止电流互感器二次侧开路。短路电流互感器二次绕组，应使用短路片或短路线，禁止用导线缠绕。

12.3.5 在带电的电压互感器二次回路上工作，应采取措施防止电压互感器二次侧短路或接地。接临时负载，应装设专用的刀闸和熔断器。

17.1.2 二次回路上的工作。

……

2. 督查重点

查校验仪从机位置是否安排专人监护。检测人员是否戴绝缘手套、使用绝缘工具。

查是否严格执行监护制度，是否检查确认接线正确、规范。

二、业扩报装督查标准

（一）现场中间检查

1. 督查方法

依据《国家电网有限公司营销现场作业安全工作规程（试行）》（国家电网营销〔2020〕480号）的相关要求，进行现场中间检查。

> 《国家电网有限公司营销现场作业安全工作规程（试行）》（国家电网营销〔2020〕480号）
>
> 13.1 一般安全要求
>
> ……
>
> 13.3 中间检查
>
> 中间检查过程中，应注意现场警示标识，掌握带电设备的位置，与带电设备保持足够安全距离，注意不要误碰、误动、误登运行设备。不得进行与中间检查无关的工作。

2. 督查重点

查受电设施问题隐患整改的闭环管理，是否存在客户接地、防雷、电缆沟等隐蔽工程中间检查未合格，即开展后续工程施工。

（二）现场竣工验收

1. 督查方法

依据《国家电网有限公司营销现场作业安全工作规程（试行）》（国家电网营销〔2020〕480号）的相关要求，检查现场竣工验收。

《国家电网有限公司营销现场作业安全工作规程（试行）》（国家电网营销〔2020〕480号）

12.1.1 变电站内计量验收等工作时，应要求施工方进行现场安全交底，做好相关安全技术措施，确认工作范围内的设备已停电、安全措施符合现场工作需要，明确设备带电与不带电部位、施工电源供电区域等。

13.1 业扩报装相关工作一般安全要求

……

15.3 并网验收

……

2. 督查重点

查多电源供电客户采取的防止反送电技术措施是否到位。

查竣工验收前，填写是否规范。

查设备是否符合“五防”要求。

查现场人员是否熟悉增（减）容客户现场设备接线，是否掌握设备带电情况。

（三）现场停（送）电

1. 督查方法

依据《国家电网有限公司营销现场作业安全工作规程（试行）》（国家电网营销〔2020〕480号）的相关要求，现场检查停（送）电。

《国家电网有限公司营销现场作业安全工作规程（试行）》（国家电网营销〔2020〕480号）

13.5.1 未经检验或检验不合格的客户受电工程，严禁接（送）电。严格履行客户设备送电程序，严禁新设备擅自投运或带电。发现违规擅自送电的客户受电工程，必须立即采取停电措施。

13.5.2 送电前应采取措施防止形成交叉供电。

13.5.3 送电工作的组织。

（1）涉及多专业、多班组参与的项目，由现场负责人牵头，各相关专业技术人员参加，确定现场总指挥，成立工作小组，拟定接（送）电方案，接（送）电方案应事先告知参加人员。

（2）35kV 及以上业扩工程，应成立启动委员会，制定启动方案并按规定执行。35kV 以下双电源、配有自备应急电源和客户设备部分运行的项目，应制定切实可行的投运启动方案。所有高压受电工程接电前，必须明确投运现场负责人，由现场负责人组织各相关专业技术人员参加，成立投运工作小组。由现场负责人组织开展安全交底和安全检查，明确职责，各专业分别落实相关安全措施并向负责人确认设备具备投运条件。不得进行与竣工验收及送电无关的工作。

2. 督查重点

查是否未确认客户受电设备状态进行停（送）电，双电源及自备应急电源与电网电源之间切换装置是否可靠。

第九节 通信检修施工安全督查工作标准

一、管道光缆检修施工

1. 督查方法

依据《国家电网有限公司电力安全工作规程（电力通信部分）（试行）》（国家电网安质〔2018〕396 号）及《国家电网公司电力安全工作规程 线路部

分》（Q/GDW 1799.2—2013）的相关要求，现场检查管道光缆检修施工。

《国家电网有限公司电力安全工作规程（电力通信部分）（试行）》（国家电网安质〔2018〕396号）

7.3 在竖井、桥架、沟道、管道、隧道内敷设光缆时，应有防止光缆损伤的防护措施。

《国家电网公司电力安全工作规程 线路部分》（Q/GDW 1799.2—2013）

15.2.1.10 开启电缆井井盖、电缆沟盖板及电缆隧道人孔盖时应使用专用工具，同时注意所立位置，以免滑脱后伤人。开启后应设置标准路栏围起，并有人看守。作业人员撤离电缆井或隧道后，应立即将井盖盖好。

15.2.1.11 电缆隧道应有充足的照明，并有防火、防水、通风的措施。电缆井内工作时，禁止只打开一只井盖（单眼井除外）。进入电缆井、电缆隧道前，应先用吹风机排除浊气，再用气体检测仪检查井内或隧道内的易燃易爆及有毒气体的含量是否超标，并做好记录。电缆沟的盖板开启后，应自然通风一段时间，经测试合格后方可下井工作。电缆井、隧道内工作时，通风设备应保持常开。在通风条件不良的电缆隧（沟）道内进行长时间巡视或维护时，作业人员应携带便携式有害气体测试仪及自救呼吸器。

2. 督查重点

查在竖井、沟道、夹层等内敷设光缆（纤）时，是否有防止光缆（纤）损伤的防护措施。

查进入电缆井、电缆隧道等有限空间工作前，是否“先通风、再检测、后作业”。

查电缆井井盖、电缆沟盖板等开启后，是否设置路栏，是否派人看守。作业人员撤离后，是否立即将井盖盖好。

查电缆井、隧道内工作时，通风是否保持常开。在通风不良的电缆隧（沟）内进行长时间作业时，是否携带便携式有害气体测试仪及自救呼吸器。

二、架空光缆检修施工

1. 督查方法

依据《国家电网有限公司电力安全工作规程（电力通信部分）（试行）》（国家电网安质〔2018〕396 号）及《国家电网公司电力安全工作规程 线路部分》（Q/GDW 1799.2—2013）的相关要求，现场检查架空光缆检修施工。

《国家电网有限公司电力安全工作规程（电力通信部分）（试行）》（国家电网安质〔2018〕396 号）

7.5 严禁踩踏光缆接头盒、余缆及余缆架；严禁在光缆上堆放重物。

7.8 进行电力通信光缆接续工作时，工作场所周围应装设遮栏（围栏、围网）、标示牌，必要时派人看管。因工作需要必须短时移动或拆除遮栏（围栏、围网）、标示牌时，应征得工作负责人同意，完毕后应立即恢复。

《国家电网公司电力安全工作规程 线路部分》（Q/GDW 1799.2—2013）

9.2.4 在杆塔上作业时，应使用有后备保护绳或速差自锁器的双控背带式安全带，当后备保护绳超过 3m 时，应使用缓冲器。安全带和后备保护绳应分别挂在杆塔不同部位的牢固构件上。后备保护绳不准对接使用。

2. 督查重点

查光缆接头盒、余缆及余缆架是否有踩踏现象，查光缆上是否堆放重物。

查高处作业人员是否正确使用安全带并采取防高处坠落的防护措施。

查光缆接续工作现场是否装设围栏、围网、标识牌。

三、通信电源检修施工

1. 督查方法

依据《国家电网有限公司电力安全工作规程（电力通信部分）（试行）》（国家电网安质〔2018〕396 号）的相关要求，现场检查通信电源检修施工。

> 《国家电网有限公司电力安全工作规程（电力通信部分）（试行）》（国家电网安质〔2018〕396 号）
>
> 9.1.2 拆接负载电缆前，应断开电源的输出开关。
>
> 9.1.4 裸露电缆线头应做绝缘处理。
>
> 9.3.2 安装或拆除蓄电池连接铜排或线缆时，应使用经绝缘处理的工器具，严禁将蓄电池正负极短接。

2. 督查重点

查拆接负载电缆前，是否将电源输出开关断开。

查现场裸露电缆线头是否做好绝缘处理。

查安装或拆除蓄电池的工器具是否经过绝缘处理，是否将蓄电池正负极短接。

四、通信设备检修施工

1. 督查方法

依据《国家电网有限公司电力安全工作规程（电力通信部分）（试行）》（国家电网安质〔2018〕396 号）及《国家电网公司电力安全工作规程 变电部分》（Q/GDW 1799.1—2013）的相关要求，现场检查通信设备检修施工。

> 《国家电网有限公司电力安全工作规程（电力通信部分）（试行）》（国家电网安质〔2018〕396 号）

6.3 拔插设备板卡时，应做好防静电措施；存放设备板卡宜采用防静电屏蔽袋、防静电吸塑盒等防静电包装。

6.10 应急电力通信车调试、使用前应良好接地，并确认车辆底盘固定良好。

《国家电网公司电力安全工作规程 变电部分》（Q/GDW 1799.1—2013）

7.5.3 在室内高压设备上工作，应在工作地点两旁及对面运行设备间隔的遮栏（围栏）上和禁止通行的过道遮栏（围栏）上悬挂“止步，高压危险！”的标示牌。

7.5.6 在工作地点设置“在此工作！”的标示牌。

2. 督查重点

查拔插设备板卡时，是否正确佩戴防静电手环，是否带连接线拔插板件、强行拔插。查现场备用或拔出板卡是否使用防静电包装。

查应急电力通信车调试、使用前及使用中是否良好接地。

查在检修屏（柜）上进行工作时，是否将相邻的运行屏（柜）用围栏（红幔布等）隔离（遮挡），是否在工作地点设置“在此工作！”标示牌。

第十节 小型基建安全督查工作标准

一、用电管理

1. 督查方法

依据《建设工程施工现场供用电安全规范》（GB 50194—2014）及《施工现场临时用电安全技术规范》（JGJ 46—2005）的相关要求，现场检查用电管理。

《建设工程施工现场供用电安全规范》（GB 50194—2014）

6.1.1 低压配电系统宜采用三级配电，宜设置总配电箱、分配电箱、末级配电箱。

6.1.3 消防等重要负荷应由总配电箱专用回来直接供电，并不得接入过负荷保护和剩余电流保护器。

8.1.6 下列电气装置的外露可导电部分和装置外可导电部分地应接地：

1 电机、变压器、照明灯具等Ⅰ类电气设备的金属外壳、基础型钢、与该电气设备连接的金属构架及靠近带电部分的金属围栏；

2 电缆的金属外皮和电力线路的金属保护管、接线盒。

10.3.2 室外 220V 灯具距地面不得低于 3m，室内 220V 灯具距地面不低于 2.5m。

12.0.1 供用电设施的管理应符合下列规定：

3 应建立用电安全岗位责任制，明确各级用电安全责任人。

12.0.7 配电箱柜的箱柜门上应设警示标识。

《施工现场临时用电安全技术规范》（JGJ 46—2005）

3.3.1 施工现场临时用电必须建立安全技术档案，并应包括下列内容：

7 定期检（复）查表；

8 电工安装、巡检、维修、拆除工作记录。

2. 督查重点

查现场是否设置总配电箱、分配电箱、开关箱，实行三级配电。查临时电源使用是否满足“一机一闸一保护”要求。

查配电箱（柜）其结构是否具备防火、防雨功能，安全警告标志和安全色标识是否符合规范。

查各级用电安全负责人是否明确，施工作业人员是否严格执行临时用电安全施工技术措施。

查施工用电设施的安装、运行、维护是是否由专业电工负责，施工用电设施是否定期检查并记录。

查消防等重要负荷是否由总配电箱专用回路直接供电，是否接入过负荷保护和剩余电流保护器。

查电机、变压器、照明灯具等Ⅰ类电气设备的金属外壳、基础型钢与该电气设备连接的金属构架及靠近带电部分的金属围栏，电缆的金属外皮和电力线路的金属保护管、接线盒、配电箱是否可靠接地，是否有定期检查记录。

查室外220V灯具距地面是否大于3m，室内220V灯具距地面是否大于2.5m。

二、土石方作业

1. 督查方法

依据《建筑施工土石方工程安全技术规范》（JGJ 180—2009），及《国家电网有限公司电力建设安全工作规程 第1部分：变电》（Q/GDW 11957.1—2020）中“10.1 土石方施工一般要求”、《国家电网有限公司电力建设安全工作规程 第2部分：线路》（Q/GDW 11957.2—2020）中“10.1 土石方开挖”的相关要求，现场检查土石方作业。

《建筑施工土石方工程安全技术规范》（JGJ 180—2009）

6.2.1 开挖深度超过2m的基坑周边必须安排防护栏杆。

6.2.2 基坑内宜设置供施工人员上下的专用梯道。梯道应设扶手栏杆，梯道的宽度不应小于1m。梯道的搭设应符合相关安全规范的要求。

6.3.2 支护结构必须在达到设计要求的强度后，方可开挖下层土方，严禁提前开完和超挖。施工过程中，严禁设备或重物碰撞支撑、腰梁、锚杆等基坑支护结构，亦不得在支护结构上防止或悬挂重点。

6.3.4 对人工开挖的狭窄基槽或坑井，开挖深度较大并存在边坡塌方危险时，应采取支护措施。

7.2.8 人工开挖时应遵循下列规定：

1 工具应完好；

2 开挖人员应保持不互相碰撞的平安距离；

3 打锤与扶钎者不得对面工作，打锤者应戴防滑手套；

4 严禁站在石块滑落的方向撬挖或上下层同时开挖；

5 坡顶险石去除完成后，才能在坡下方作业。

6 在悬岩陡坡上作业应系平安带。

2. 督查重点

查土石方作业时是否采取防塌方、防水措施。

查土石方挖掘施工区域是否设围栏及安全警示标志，夜间是否挂警示灯，坑口、沟槽等坑边堆土、护坡措施是否到位。

查人工开挖时，打锤与扶钎者是否存在对面工作现象，打锤者是否戴防滑手套。

查基坑内是否设置供施工人员上下的专用梯道，是否设扶手栏杆，梯道的宽度是否小于1m，梯道的搭设是否符合相关安全规范的要求。

三、模板作业

1. 督查方法

依据《建筑施工模板安全技术规范》（JGJ 162—2021），及《国家电网有限公司电力建设安全工作规程 第1部分：变电》（Q/GDW 11957.1—2020）中

“10.1.3 基坑支护”“10.4.2 模板工程”、《国家电网有限公司电力建设安全工作规程 第 2 部分：线路》（Q/GDW 11957.2—2020）中“10.3 混凝土基础施工”的相关要求，现场检查模板作业。

《建筑施工模板安全技术规范》（JGJ 162—2021）

6.1.2.1 模板构造与安装应符合下列规定：

1 模板安装应按设计与施工说明书顺序拼装。木杆、钢管、门架等支架立柱不得混用。

6.1.2.4 模板及其支架在安装过程中，必须设置有效防倾覆的临时固定设施。

6.1.14 吊运模板时，必须符合下列规定：

1 作业前应检查绳索、卡具、模板上的吊环，必须完整有效，在升降过程中应设专人指挥，统一信号，密切配合。

2 吊运大块或整体模板时，竖向吊运不应少于2个吊点，水平吊运不应少于4个吊点。吊运必须使用卡环连接，并应稳起稳落，待模板就位连接牢固后，方可摘除卡环。

3 吊运散装模板时，必须码放整齐，待捆绑牢固后方可起吊。

4 严禁起重机在架空输电线路下面工作。

5 遇5级以上大风时，应停止一切吊运作业。

6.2.4.6 当支架立柱高度超过 5m 时，应在立柱周围外侧和中间有结构柱的部位，按水平间距 6m~9m、竖向间距 2m~3m 与建筑结构设置一个固结点。

7.1.8 拆模的顺序和方法应按模板的设计规定进行。当设计无规定时，可采取先支的后拆、后支的先拆、先拆非承重模板、后拆承重模板，并应从上而下进行拆除。拆下的模板不得抛扔，应按指定地点堆放。

2. 督查重点

查模板安装是否按照设计与施工说明书顺序拼接，模板安装是否自下而上进行，拆除模板是否按顺序分段、自上而下进行。

查模板及其支架在安装过程中，是否设置有效防倾覆的临时固定措施。

查吊运模板时，是否符合吊运大块或整体以及散装规定。

查支架立柱高度超过 5m 时，在立柱周围外侧和中间有结构柱的部位，是否按水平间距 6~9m，竖向间距 2~3m 与建筑结构设置一个固定点。

四、混凝土作业

1. 督查方法

依据《混凝土泵送施工技术规程》（JGJ/T 10—2011）、《大体积混凝土施工标准》（GB 50496—2018），及《国家电网有限公司电力建设安全工作规程 第 1 部分：变电》（Q/GDW 11957.1—2020）中“10.4 混凝土施工”、《国家电网有限公司电力建设安全工作规程 第 2 部分：线路》（Q/GDW 11957.2—2020）中“10.3 混凝土基础施工”的相关要求，现场检查混凝土作业。

《混凝土泵送施工技术规程》（JGJ/T 10—2011）

5.3.1 泵送混凝土时，混凝泵的支腿应伸出调平并插好安全销，支腿支撑应牢固。

《大体积混凝土施工标准》（GB 50496—2018）

5.1.2 大体积混凝土浇筑体温度应力和收缩应力，可按本标准附录 B 确定。

5.5.1 大体积混凝土应采取保温保湿养护。在每次混凝土浇筑完毕后，除应按普通混凝土进行常规养护外，保温养护应符合下列规定：

1 应专人负责保温养护工作，并应进行测试记录。

2. 督查重点

查混凝土泵送时，混凝土泵支腿情况是否满足要求。

查混凝土浇筑完成后的回弹力是否满足标准。

查混凝土浇筑后是否采取保温保湿养护，是否进行测试记录。

五、脚手架作业

1. 督查方法

依据《建筑施工脚手架安全技术统一标准》(GB 51210—2016)、《建筑工程安全生产管理条例》(国务院令第 393 号)，及《国家电网有限公司电力建设安全工作规程 第 1 部分：变电》(Q/GDW 11957.1—2020) 中“10.3 脚手架施工”、《国家电网有限公司电力建设安全工作规程 第 2 部分：线路》(Q/GDW 11957.2—2020) 中“12.1 跨越架搭设与拆除”的相关要求，现场检查脚手架作业。

《建筑施工脚手架安全技术统一标准》(GB 51210—2016) 条文说明

8.2.1 此条是对作业脚手架搭设基本尺寸的要求，条文的规定是根据调查研究，总结人员架上作业活动规律而提出的。应当指出的是，作业脚手架的宽度如果小于 0.8m，可能存在不安全因素，不能满足操作人员下蹲、弯腰操作活动空间的要求；作业层高如果大于 2.0m，也同样存在不安全因素，人员操作时，脚下可能要垫起，不利于操作安全。

8.2.2 作业脚手架连墙件是保证架体侧向稳定的重要构件，是作业脚手架设计计算的主要基本假定条件，对作业脚手架连墙件设置做出规定的目的是控制作业脚手架的失稳破坏形态，保证架体达到专项施工方案设计规定的承载力。

8.2.3 作业脚手架的外侧设置竖向剪刀撑或斜撑杆、交叉拉杆是保证架体稳定的重要构造措施，应按要求设置。竖向剪刀撑和斜撑杆、交叉拉杆在作业脚手架 24m 高度上下区分为不同设置是根据施工经验确定的。

9.0.3 落地脚手架一般搭设在地面上或建筑结构上，搭设场地平整、坚实，不应有积水，是针对搭设在地面上的脚手架而言，回填土场地搭设前应夯实。应注意悬挑脚手架和附着式升降脚手架预埋锚固件处混凝土强度。

10.0.1 本条文提出施工现场要建立脚手架工程的质量管理制度和搭设施工质量验收制度，这是对脚手架搭设质量进行控制，保证脚手架搭设施工质量和使用安全的重要措施。经调查分析，脚手架工程重大安全事故的发生，绝大多数是因为在搭设时使用了不合格材料、构配件，搭设施工质量不符合现行国家标准和专项施工方案规定；究其原因，均与施工现场没有建立脚手架工程的质量管理制度，对脚手架材料、构配件及搭设施工质量没有严格检查验收有关。对此，应给以足够的重视。

11.1.1 对脚手架工程的安全管理是脚手架搭设、使用、拆除过程中的重要工作。脚手架作为施工过程中的施工设施，既是人员集中的施工作业平台，又是施工和建筑材料等荷载的支撑体系，在现场使用的周期也比较长，易受施工环境、场地条件、施工进度等因素影响，也易受恶劣的自然天气和外力撞击等侵害。所以，对脚手架工程必须建立安全生产责任制，建立安全检查考核制度，应该对项目部、班组及各类人员的安全管理责任做出规定。

11.1.3 脚手架搭设与拆除作业由经过培训考核合格的架子工操作是为了保证脚手架的施工质量，避免发生安全事故。搭设和拆除脚手架的作业均是高处作业，不符合高处作业条件的人员，不应上架作业。

11.1.4 搭设、拆除脚手架的高空作业具有一定危险性，应在操作面上铺设供作业人员站立的脚手板，操作人员应佩戴安全帽、安全带、防滑手套，穿防滑鞋。

11.1.6 规定不允许缺失的杆件，是因为这些杆件都是主要承力杆件和保证架体稳定杆件，不可随意拆除。考虑到施工过程中脚手架的个别杆件可能对施工操作存在影响，如施工需要临时拆除个别杆件时，要有相应的加固措施，以保证架体安全。

11.2.2 在作业脚手架上固定支撑脚手架、拉缆风绳、固定架设混凝输送泵管道等设施或设备，会使架体超载、受力不清晰、产生振动等，而危及作业脚手架的使用安全，本条文规定的目的是为了消除危及作业脚手架使用安全的行为发生。作业脚手架是按正常使用的条件设计和搭设的，在作业脚手架的专项方案设计时，是未考虑也不可能考虑在作业脚手架上固定支撑脚手架、拉缆风绳、固定混凝土输送泵管、固定卸料平台等施工设施、设备的，因为如果一旦将支撑脚手架、缆风绳、混凝土输送泵管、卸料平台等设备、设施固定在作业脚手架，作业脚手架的相应部位承受多少荷载很难确定，会造成作业脚手架的受力不清晰、超载，且混凝土输送泵管、卸料平台等设备、设施对作业脚手架还有振动冲击作用，因此，应禁止条文所列危及作业脚手架安全的行为发生。

11.2.9 搭设和拆除脚手架作业的操作过程中，由于部分杆件、构配件是处于待紧固（或已拆除待运走）的不稳定状态，极易落物伤人，因此，搭设拆除脚手架作业时，需设置警戒线、警戒标志，并派专人监护，禁止非作业人员入内。

《建设工程安全生产管理条例》（国务院令第 393 号）

第三十五条　施工单位在使用施工起重机械和整体提升脚手架、模板等自升式架设设施前，应当组织有关单位进行验收，也可以委托具有相应资质的检验检测机构进行验收；使用承租的机械设备和施工机具及配件的，由施工总承包单位、分包单位、出租单位和安装单位共同进行验收。验收合格的方可使用。《特种设备安全监察条例》规定的施工起重机械，在验收前应当经有相应资质的检验检测机构监督检验合格。施工单位应当自施工起重机械和整体提升脚手架、模板等自升式架设设施验收合格之日起30日内，向建设行政主管部门或者其他有关部门登记。登记标志应当置于或者附着于该设备的显著位置。

2. 督查重点

查脚手架搭设和拆除是否由专人负责，是否持证上岗。

查脚手架使用前是否经监理、施工项目部验收合格，是否悬挂验收合格牌。

查脚手架基础是否夯实硬化，基础横向向外是否有排水坡度，是否坚实平整、排水畅通、不晃动、不沉降、立杆不悬空。

查脚手架是否设置纵横向扫地杆，立杆底端是否设有垫板，底层步距是否大于2m；架体高度大于4m时，是否用刚性连墙件与建筑物可靠连接。

查搭设和拆除脚手架操作人员是否带个人防护用品、穿防滑鞋。

查搭设和拆除脚手架时，是否设置安全警戒线、警示标志，是否设专人监护。

查作业脚手架是否设置竖向剪刀撑，是否符合相应规定。

查是否将支撑脚手架，揽风绳等固定在作业脚手架上，在作业脚手架上是否悬挂起重设备。

查六级以上大风等特殊情况后，是否对脚手架进行检查，是否确认合格后使用。

六、塔式起重机作业

1. 督查方法

依据《塔式起重机安全规程》(GB 5144—2006)的相关要求，现场检查塔式起重机作业。

《塔式起重机安全规程》（GB 5144—2006）

4.4.6 除快装式塔机外，梯子高度超过 10m 时应设置休息小平台。

4.6.2 司机室门、窗玻璃应使用钢化玻璃或夹层玻璃。司机室正面玻璃应设置雨刷器。

4.6.3 可移动的司机室应设有安全锁止装置。

5.2.4 塔机起升钢丝绳宜使用不旋转钢丝绳，未采用不旋转钢丝绳的，其绳端应设有防扭装置。

8.3.3 塔机电源进线处宜设主隔离开关，或采取其他隔离措施，隔离开关应有明显的标记。

10.6 混凝土基础应符合下列要求：

a）混凝土基础应能承受工作状态和非工作状态下的最大载荷，并应足塔机抗倾翻稳定性的要求。

b）对混凝土基础的抗倾翻稳定性计算及地面压应力的计算应符合GB/T 13752—1992中4.6.3的规定及GB/T 9462—1999中附录A的规定。

c）使用单位应根据塔机原制造商提供的载荷参数设计制造混凝土基础。

d）若采用塔机原制造商推荐的混凝土基础，固定支腿、预埋节和地脚螺栓应按原制造商规定的方法使用。

10.7 碎石基础应符合下列要求：

a）当塔机轨道敷设在地下建筑物（如暗沟防空洞等）的面时，应果取加固指施。

b）敷设碎石前的路面应按设计要求压实，碎石基础应整平捣实轨枕之间应填满碎石。

c）路基两划或中间应设排水汽，保证路基无积水。

10.8 塔机轨道敷设应符合下列要求：

a）轨道应通过垫块与轨枕可靠地连接，每间隔6m应设一个轨距拉杆。钢轨接头处应有轨枕支承，不应悬空。在使用过程中轨道不应移动。

b）轨距允许误差不大于公称值的1/100，其绝对值不大于6mm。

c）钢轨接头间隙不大于4mm，与另一侧钢轨换头的错开距离不小于1.5m，接头处两轨顶高度差不大于2mm。

d）塔机安装后，轨道顶面纵、横方向上的倾斜度，对于上回转塔机应不大于3/100；对于下回转塔机应不大于5/100。在轨道全程中，轨道顶面任意两点的高度差应小于100mm。

e）轨道行程两端的轨顶高度宜不低于其余部位中最高点的轨顶高度。

2. 督查重点

查塔基基础及塔基主体是否经检验检测、试验合格，是否符合相关要求。

查梯子高度超过 10m 时是否有休息小平台。

查司机室内是否设置安全锁止装置，是否配备符合要求的灭火器。

查塔机起升钢丝绳是否使用不旋转钢丝绳，未采用不旋转钢丝绳的，其绳端是否设有防扭装置。

查塔机电源进线处是否用主隔离开关或采取其他隔离措施，查隔离开关是否有明显的标记。

七、高处作业

1. 督查方法

依据《建筑施工高处作业安全技术规范》（JGJ 80—2016），及《国家电网有限公司电力建设安全工作规程 第 1 部分：变电》（Q/GDW 11957.1—2020）中“7.1 高处作业及交叉作业”“8.4.2 个体防护装备”“8.4.4 登高工器具”、《国家电网有限公司电力建设安全工作规程 第 2 部分：线路》（Q/GDW

11957.2—2020）中“7.1 高处作业及交叉作业”“8.4.2 个体防护装备”“8.4.4 登高工器具”的相关要求，现场检查高处作业。

《建筑施工高处作业安全技术规范》（JGJ 80—2016）

3.0.2 高处作业施工前，应按类别对安全防护设施进行检查、检验，验收合格后方可进行作业，并应做验收记录。验收可分层或分阶段进行。

3.0.5 高处作业人员应根据作业的实际情况配置相应的高处作业安全防护用品，并应按规定正确佩戴和使用相应的安全防护用品、用具。

3.0.6 对施工作业现场可能坠落的物料，应及时拆除或采取固定的措施。高处作业所用的物料应堆放平稳，不得妨碍通行和装卸。工具应随手放入工具袋；作业中的走道、通道板和登高用具，应随时清理干净；拆卸下的物料及余料和废料应及时清理运走，不得随意放置或向下丢弃。传达物料时不得抛掷。

3.0.8 在雨、霜、雾、学等天气进行高处作业时，应采取防滑、防冻和防雷措施，并应及时清除作业面上的水、冰、雪、霜。

5.1.3 同一梯子上不得两人同时作业。在通道处使用梯子作业时，应有专人监护或设置围栏。脚手架操作层上严禁假设梯子作业。

5.1.5 使用单梯时梯面水平面成 75° 夹角，踏步不得缺失，梯格间距宜为 300mm，不得垫高使用。

6.1.3 操作平台的临边应设置防护栏杆，单独设置的操作平台应设置供人上下、踏步间距不大于 400mm 的扶梯。

6.1.5 操作平台使用中应每月不少于 1 次定期检查，应由专人进行日常维护工作，及时消除安全隐患。

2. 督查重点

查是否分类别对安全防护设施进行检查、验收，是否做验收记录。

查高处作业人员是否依据作业的实际情况配备相应的高处作业安全防护用品，是否按规定正确佩戴和使用相应的安全防护用品、用具。

查施工作业现场可能坠落的物料，是否及时拆除或采取固定措施。高处作业所用的物料是否堆放平稳，是否妨碍通行和装卸。

查在通道处使用梯子作业时，是否有专人监护或设置围栏；使用单梯时梯面应与水平面是否成 75° 夹角，踏步是否缺失，是否垫高使用。

查操作平台的临边是否设置防护栏杆，单独设置的操作平台是否设置供人上下、踏步间距不大于 400mm 的扶梯，操作平台使用中是否进行定期检查。

查在雨、霜、雾、雪等天气进行高处作业时，是否采取防滑、防冻和防雷措施，是否及时清除作业面上的水、冰、雪、霜。

八、安全网搭设

1. 督查方法

依据《建筑施工高处作业安全技术规范》（JGJ 80—2016），及《国家电网有限公司电力建设安全工作规程　第 2 部分：线路》（Q/GDW 11957.2—2020）中“12.1 跨越架搭设与拆除”的相关要求，现场检查安全网搭设。

《建筑施工高处作业安全技术规范》（JGJ 80—2016）

4.1.1 坠落高度基准面 2m 及以上进行临边作业时，应在临空一侧设置防护栏杆，并采用密目式安全立网或工具式栏板封闭。

4.1.4 施工升降机、龙门架和井架物料提升机等在建筑物间设置的停层平台两侧边，应设置防护栏杆、挡脚板，并应采用密目式安全立网或工具式栏板封闭。

4.2.1 洞口作业时应采取防坠落措施。

4.3 防栏杆构造

……

7.2.2 安全防护网搭设应符合下列规定：安全防护网搭设时，应每隔 3m 设一根支撑杆，支撑杆水平夹角不移小于 45° ；当在楼层设支撑杆时，应预埋钢筋环或在结构内外侧各设一道横杆；安全防护阿旺应外高里低，网与网之间应拼接严密。

2. 督查重点

查安全防护网搭设时，是否每隔 3m 设一根支撑杆，支撑杆水平夹角是否小于 45° 。当在楼层设支撑杆时，是否预埋钢筋环或在结构内外侧各设一道横杆，安全防护网是否外高里低，网与网之间是否拼接严密。

查施工升降机、龙门架和井架物料提升机等在建筑物间设置的停层平台两侧边，是否设置防护栏杆、挡脚板，是否采用密目式安全立网或工具式栏板封闭。

查洞口作业时，是否采取防坠落措施。查临边作业的防护栏杆安装与标准是否符合规定。

第四章

安全生产反违章处置

第一节　违章界定

一、概述

切实贯彻习近平总书记“人民至上、生命至上”“生命重于泰山”指示精神，落实“安全第一、预防为主、综合治理”的方针，加强安全管理基础工作，维护公司安全生产稳定局面，逐步形成“不敢违、不能违、不想违”的长效机制，防范因违章导致事故发生。反违章工作是指企业在预防违章、查处违章、整治违章等过程中，在制度建设、培训教育、现场管理、监督检查、评价考核等方面开展的相关工作。依托安全风险管控监督平台（含移动作业 APP）、监控屏和现场视频设备，对各类作业现场进行远程安全监督，建立健全行之有效的预防违章、查处违章、治理违章、违章奖惩工作机制，发挥安全保证体系和安全监督体系的共同作用。实行上级对下级、安全生产监督体系对安全生产保证体系的监督检查，持续深入地开展反违章工作。

坚持抓早抓小。前移防范关口，树立“违章就是隐患、违章就是事故”

的理念，对严重违章对照安全事件的追责措施顶格处理，对一般违章加强通报曝光。

坚持追本溯源。挖掘产生违章、重复违章的管理深层次原因，追查制度不健全、机制不完善、履责不到位问题，追究相关管理者责任。

坚持“四不放过”。坚持违章原因未查清不放过，违章责任人员未处理不放过，违章整改措施未落实不放过，有关人员未受到教育不放过。

坚持“一地有违章、全网受教育”。公司通过安全监督检查、“四不两直”安全督察、安全巡查等发现的违章，通报全公司，其他单位要举一反三，杜绝违章。

充分发挥各单位安全生产保证体系和安全生产监督体系的作用，建立健全行之有效的预防违章和查处违章工作机制。加强安全管控中心建设、运行等日常管理，充分发挥“互联网+安全督查”作用，推进协同机制建设，为常态化开展作业现场远程视频反违章工作提供平台支撑。做好现场作业视频监控终端配置，规范监控终端保管、调拨、使用、维护、网络安全等日常管理，优化视频接入、存储、共享模式，保证作业现场视频监控“全覆盖”、大型复杂现场全程监控“无死角”，有效查纠现场各类违章，切实规范人员安全作业行为。

二、职责分工

各级安全生产委员会是本单位反违章工作领导机构，负责制定反违章工作目标、重点措施、奖惩办法和考核规则，组织实施反违章工作，并为反违章工作提供人员、资金和装备保障。各级领导应带头遵守安全生产规章制度，按照“谁主管、谁负责”原则，组织开展职责范围内的反违章工作，督促落实相关工作要求。

各级安全生产委员会办公室负责反违章工作的归口管理，对反违章工作进行监督、评价、考核。建立本单位违章档案，向上级单位安监部门报告反违章工作开展情况，定期组织反违章工作经验交流。各级安全督查队伍在安监部门的指导下，负责开展远程及现场安全监督检查。

各级发展、设备（运检）、建设、营销、调控、信息、物资、产业和后勤等安全保证体系部门，应严格落实“管业务必须管安全”的要求，按照“谁组织、谁实施、谁负责”的原则，负责管辖范围内的反违章工作。定期向本单位反违章工作领导机构办公室报送反违章开展情况。

各级人资、财务、党建和工会等部门，负责反违章工作的劳动竞赛、奖惩考核以及民主监督等，将反违章工作情况作为评先评优、人才选拔的重要依据，营造齐抓共管的良好工作氛围。单位生产车间（分场、工区）、班组（项目部、供电所）和每位作业人员，应自觉遵守安全工作规程规定，严格落实反违章工作要求，积极主动开展违章自查自纠工作，自主发现违章，自觉纠正违章，相互监督整改违章。

三、违章定义

违章是指在电力生产活动过程中，违反国家和电力行业安全生产法律法规、规程标准，违反国家电网有限公司安全生产规章制度、反事故措施、安全管理要求等，可能对人身、电网、设备和信息安全构成危害并容易诱发事故的管理的不安全作为、人的不安全行为、物的不安全状态和环境的不安全因素。

违章按照性质分为管理违章、行为违章和装置违章三类。

（1）管理违章是指各级领导、管理人员不履行岗位安全职责，不落实安全管理要求，不健全安全规章制度，不执行安全规章制度等的各种不安全作为。

（2）行为违章是指现场作业人员在电力建设、运行、检修、营销服务等生产活动过程中，违反保证安全的规程、规定、制度、反事故措施等的不安全行为。

（3）装置违章是指生产设备、设施、环境和作业使用的工器具及安全防护用品不满足规程、规定、标准、反事故措施等的要求，不能可靠保证人身、电网、设备和信息安全的物的不安全状态和环境的不安全因素。

（4）生产设备、设施中存在的不安全状态和环境的不安全因素，如可能直接危及人身安全的按装置违章管理；不会直接危及人身安全的，按设备隐患管理。

按照违章性质、情节及可能造成的后果，可分为严重违章和一般违章两级进行管控。

（1）严重违章主要指易造成领导失察、责任悬空、风险失控以及酿成安全事故的管理、行为类等违章，并按照严重程度由高至低分为Ⅰ类严重违章、Ⅱ类严重违章和Ⅲ类严重违章。

1）Ⅰ类严重违章，主要包括违反新《中华人民共和国安全生产法》《中华人民共和国刑法》“十不干”等要求的管理和行为违章。

2）Ⅱ类严重违章，主要包括公司系统近年安全事故（事件）暴露出的管理和行为违章。

3）Ⅲ类严重违章，主要包括安全风险高、易造成安全事故（事件）的管理和行为违章。

（2）一般违章是指对人身、电网、设备和网络信息不直接造成危害，且达不到严重违章标准的其他违章。

第二节　工作机制

一、建立违章预防机制

（1）完善安全规章制度。各级安监部、专业管理部门应根据国家安全生产法律法规和公司安全生产工作要求、生产实践发展、电网技术进步、管理方式变化和反事故措施等，及时修订补充安全规程规定等规章制度，从组织管理和制度建设上预防违章。

（2）严格安全准入管理。各单位依托平台对进入所属生产经营区从事生产施工作业的外包单位、人员实施企业安全资信报备和人员安全准入管理，严格安全资信（资格）审查，各单位应在实行业务外包时签订安全协议，从源头上杜绝不合格队伍和人员进入作业现场。

（3）加强安全教育培训。各级安监部、专业管理部门、单位应分层级、分专业、分工种开展安全规章制度、安全技能知识、安全监督管理、安全警示教育等培训，从安全意识和安全技能上提高各级人员安全作业和辨识、纠正、防止违章的能力。

（4）实施作业风险告知。各单位应建立作业计划全覆盖管理体系，提前做好作业风险评估、定级、审核等工作，规范开展作业风险公示告知工作，实现作业风险的全面公示、全员告知和全程监督，增强全员安全作业防止违章的自觉性。

二、建立违章查纠机制

（1）加强安全监督管理。建立以安全督查、安全督察、安全巡查为主要方式和手段的监督体系反违章工作机制。各级安监部门依托安全生产管控平台、安全管控中心及安全督查队伍，采取“四不两直”安全督察、现场和远程安全督查和专项安全检查等方式，分层分级查处各类违章行为。

（2）强化现场专业管控。建立以各级安委会为主导、专业管理部门为责任主体的保证体系反违章工作机制，各级专业管理部门严格执行作业现场到岗到位工作要求，常态化开展作业现场检查指导，督促作业人员落实安全责任，严格管控现场各类人员行为，落实现场各项安全管控措施，并查处违章现象。

（3）开展违章自查自纠。各单位和班组要结合作业计划，充分调动基层班组和一线员工的积极性、主动性，紧密结合生产实际，鼓励员工自主发现违章，自觉纠正违章，相互监督整改违章，做到“四不伤害”（不伤害自己、不伤害他人、不被他人伤害、不让他人受到伤害）。

（4）建立违章曝光制度。各单位充分运用安全生产管控平台、网站和公示栏等内部媒体载体，开辟反违章工作专栏，对查处的违章问题及时予以曝光，各级安全管控中心查处的严重及以上违章，应在第一时间将相关情况推送至上级公司安全风险管控平台，形成反违章舆论监督氛围。

三、建立违章治理机制

（1）严肃违章问题治理。对查出的违章，应做到原因分析清楚、责任落实到人、整改措施到位。在分析违章直接原因的同时，还应深入查找其背后的管理原因，着力做好违章问题的根治。

（2）执行违章“说清楚”制度。对性质特别恶劣的严重违章、反复发生的同类性质违章，以及引发安全事故（事件）的违章，根据所属专业范围，由上级公司安委会组织“说清楚会”，相应责任单位人员要到上级单位“说清楚”，安监部参加。

（3）开展违章人员教育。各级单位对违章人员应进行安全教育培训；对严重及以上违章或违章导致事故发生的人员，应进行批评教育直至待岗的处理，需经考试、考核合格后方可重新上岗。

（4）开展违章统计分析。省、市、县公司级单位应以月、季、年为周期，定期统计违章现象，分析违章所属的类型、专业、单位以及发生的时间等特点和规律，寻找安全管理存在的薄弱环节，从管理根源上研究制定防范措施，定期在安委会、安全生产分析会、安全监督（安全网）例会上通报有关情况。

四、建立违章奖惩机制

（1）实施违章记分管理。为有利于逐步深入推动反违章工作，违章实行单位、个人“双记分”管理，建立“违章分类清单及扣分标准”（详见附录 C），对未列入“分类清单”的违章，各级安监部门和安全保证体系部门可参照标准认定违章后果、性质并给予违章扣分。建立违章信息档案，对作业人员和作业单位的违章记分应纳入平台安全资信数据库进行统一管理，实现对作业人员和作业单位的全过程动态安全评价。并将违章记分作为单位和个人安全资信评价、考核以及评先评优等的重要依据。

（2）严格违章约束惩处。对反违章工作组织不力、存在重大安全隐患的企业、班组和员工，应按照有关奖惩制度、合同协议等给予批评和处罚。对违章责任单位及人员，依据相关处罚标准和合同协议等给予经济处罚；对违章记分达到限值的业务外包单位及人员，全面纳入“负面清单”管理，严格执行停工学习、重新准入等惩戒措施。同一作业现场多人存在违章时应分别进行处理。一人发生多种违章现象时，应逐条记录并按相关条款进行处理，本级发现并按规定给予处罚的，上级单位不再重复进行处罚。班组自查自纠、作业现场工作班成员间及时发现并纠正的违章行为可进行记录，但不记分。因违章导致安全事故（事件）发生的，按照国家有关法律法规、国家电网有限公司事故（件）调查规程和国家电网有限公司安全工作奖惩有关规章制度，严肃追究相关责任单位和人员责任。

（3）强化反违章正向激励。总结反违章活动工作经验，深入开展安全生产专项活动，组织开展“无违章企业”“无违章班组”“无违章员工”等创建活动，对反违章工作成效显著或及时发现纠正制止违章现象、避免安全事故发生的企业、班组和员工，对一定周期内的无违章企业、集体、班组和员工，应按照有关奖惩制度、合同协议等给予表扬和奖励。

第三节　违章查处

一、实施保障

反违章工作实行上级对下级、安全生产监督体系对安全生产保证体系的监督检查机制。各单位应结合实际细化制定反违章监督检查标准，深化平台应用，进一步明确工作流程及要求，规范开展违章监督检查工作。各单位应加强安全督查队伍建设，提升业务素质能力，配足安全督查装备（如安全检查执法记录仪、望远镜等），并保证交通工具使用，常态化开展作业现场安全督查及其反违章等工作。

各单位应加强安全管控中心建设、运行等日常管理，充分发挥“互联网+安全督查”作用，推进协同机制建设，为常态化开展作业现场远程视频反违章工作提供平台支撑。

各单位应做好现场作业视频监控终端配置，规范监控终端保管、调拨、使用、维护、网络安全等日常管理，优化视频接入、存储、共享模式，保证作业现场视频监控“全覆盖”、大型复杂现场全程监控“无死角”。各单位应结合平台、移动作业终端应用，丰富作业现场边缘计算装置、智能穿戴等新型智能安全管控装备配置使用，积极推广应用违章智能识别技术，有效查纠现场各类违章，切实规范人员安全作业行为。

二、查处流程

各单位应深化安全生产管控平台应用，将违章的填报、审核、下发、整改、申诉等工作全面纳入平台进行管控，统一实现违章查处全流程线上管理。各级安全管理和督查人员应依据周作业计划和安全风险分级情况，结合到岗到位、现场（远程）监督检查、“四不两直”督察等工作，协同抓好各类作业现场的违章查纠工作。

（1）违章查纠。发现违章，应立即予以制止、纠正，并同步利用移动作业 APP 做好违章行为的抓拍、记录等，第一时间推送至安全生产管控平台以“铁的制度、铁的面孔、铁的处理”，及时查处“违章指挥、违章作业、违反劳动纪律”的现象，并进行曝光。对安全管理混乱或存在重大安全隐患的现场，安全督查人员有权勒令停工整改，并第一时间向上级部门汇报。

（2）违章通报。对作业现场发现的违章行为，均应填写违章整改通知单（详见附录 D），明确违章行为、违反条款、责任单位及人员等情况，并经审核后下发至相关责任单位；其中，对有必要反馈整改情况的，需在违章整改通知单内注明具体的整改要求和反馈时限。违章整改通知单的审核、下发、整改反馈等流程应纳入平台进行管控。当场可以整改且在不影响作业安全的情况下，可通过口头责令立即整改；对不构成违章，但属于管理、执行不规范或需改进的问题，应以问题清单形式记录并反馈责任单位。

（3）整改备案。相关责任单位收到违章整改通知单后，应立即组织研究、制定落实整改措施和惩处要求，立即进行整改；对需要反馈整改情况的，应在规定时限内进行反馈（违章整改反馈单见附录 E）。各单位可视情况采取现场检查、随机抽查等方式核实整改情况。对特别严重违章，必须由安监部门组织相关专业管理部门进行专项验收。确有特殊原因不能及时整改的，应制定、落实相应安全保障措施并出具书面材料说明不能及时整改的原因及采取的措施，经单位负责人签字后报相应安全监察部门备案。有关违章整改和处罚情况，要在规定时间内，上报发现违章单位，并将有关资料上传安全生产管控平台。

（4）申诉处理。若责任单位、责任人对曝光通报的违章存在异议的，可在收到违章整改通知单后 2 个工作日内，在风险监督平台中向检查部门或单位提出申诉，并提供相关佐证材料；违章信息经督查人员所在单位安监部审核后，在风险监督平台进行发布；同时对相关单位的申诉材料进行核实调查，同意申诉申请后，在风险监督平台中撤销有关违章信息。

三、监督检查

反违章监督检查主要通过现场检查、远程视频检查、安全督查、事故监察、专项督查等形式开展。现场检查和远程视频检查可与到岗到位专业检查相结合，以查现场为主，以查防人身伤亡措施是否落实为重点，通过随机抽查的方式，严厉查处现场停电、验电、挂接地线措施不落实以及防触电、防倒杆、防高坠等措施执行不到位的违章行为，严厉打击无票、无工作负责人、无监护人等违章现象。安全督查应采用“四不两直”方式进行，直奔作业现场查找作业人员和现场安全管控方面的问题，按照“现场—项目部（班组、供电所）—上级单位”的流程要求，深挖管理方面问题，同时全面跟进督促整改，防止问题反弹和重复发生。各级专业管理部门和专业管理人员对本专业管理范围内的工作开展反违章检查。安监部门和安全监督人员除开展反违章检查外，还应负责对同级专业部门、人员反违章工作进行监督。

各级反违章工作人员要带头学习、掌握、监督、贯彻执行安全法规和有关安全生产的规定和办法，增强辨识违章、纠正违章和防止违章的能力，提升反违章工作质量。反违章人员在检查违章时要认真负责、实事求是，在处理违章时要铁面无私、不讲情面。运检、建设、营销、调控等专业管理部门负责组织将作业计划在安全风险管控监督平台录入、发布，提前公示作业信息，明确作业任务、时间、人员、地点，主动接受反违章现场监督检查。

第四节　违章管理

一、违章记分管理

（1）违章记分。应根据认定的违章类型和性质，按照Ⅰ类严重违章 12 分 / 项、Ⅱ类严重违章 6 分 / 项、Ⅲ类严重违章 4 分 / 项和一般违章 2 分 / 项的标准对直接责任人进行记分，并按照记分标准记入其安全资信档案。

（2）违章责任单位 。依据违章分析结果，对违章发生单位按照一次Ⅰ类严重违章 3 分 / 项、Ⅱ类严重违章 2 分 / 项、Ⅲ类严重违章 1 分 / 项和一般违章 0.5 分 / 项的标准对相关单位进行记分。

（3）人员和单位的违章累积记分周期为 12 个月，均从准入（备案）之日起计算，记分实行累计，上一记分周期内的违章记分值原则上不带入下一记分周期。

（4）对在一个记分周期内违章记分达到或超过 12 分的人员，应采取停工培训、重新准入、作业禁入等措施。其中，人员为外包单位的，应同时纳入“负面清单”进行管控。

（5）对在一个记分周期内违章记分达到或超过 24 分的单位，应采取警示约谈、停工停标、准入限制等惩处措施。其中，施工作业单位、监理单位为外包单位的，应同时纳入“负面清单”进行管控。拒不执行相关惩处要求的，取消其安全准入资格，禁入公司系统从事生产施工作业或承揽业务。

二、违章考核

各单位及作业人员必须配合安全督查工作，如在督查过程中发生拒绝整改或恶意冲突、隐瞒、欺骗、不配合工作等情况，从重对责任人员和单位按严重违章进行考核处理。在同一作业现场、同一作业时间段，本级单位检查未发现违章，而上级单位督查时发现违章的，在处理违章人员的同时，对现场管理人员按管理违章处理，违章记分加倍；对于现场检查未发现问题且发生责任事件的，对检查人员按间接责任追责。对于一般违章行为，违章人员应认真反思，自觉整改，由班组长对违章人员进行谈话；对于反复发生一般违章行为，由其所在二级单位负责人对违章人员进行约谈提示，指出问题；对于严重违章行为，由其所在单位安监部门对违章人员进行警示教育，要求改进。对于承包商违章行为，由安监部门向相应的项目管理单位下达违章整改通知单，由专业管理部门负责处理并向相应安监部门反馈整改情况，业主单位应按照承包合同和安全协议约定，发布处罚文件进行经济处罚。公司每年对各单位反违章开展情况进行工作评价。

根据违章性质按以下要求执行。

（一）严重违章

（1）发现严重违章，违章查处单位要及时下发违章通知单，并在通知单中注明严重违章，责成违章单位对照公司《安全工作奖惩规定》关于安全事件的追责条款，按照“三个必须”原则对违章责任人和负有管理责任人员进行惩处，其中Ⅰ～Ⅲ类严重违章分别按五～七级安全事件惩处。重复发生严重违章，要对相关人员自第二起提升惩处等级，直至五级安全事件。

（2）外包单位人员发生严重违章，在按照上述原则对负有外包管理责任的人员进行惩处的同时，对外包单位人员要停工学习，重新准入，考试合格后方可进场作业；对重复发生严重违章的责任人，取消准入资格，1 年内禁入公司系统作业，期满自动解除禁入。对相关外包单位要按照公司《安全生产反违章工作管理办法》实施连带记分考核，达到一定限值的，按照公司《业务外包安全监督管理办法》纳入省公司“负面清单”。

（3）违章责任单位安监部门要及时向本单位各部门和纪检监察机构通报严重违章主要责任人信息，在评先、评优等方面对其“一票否决”。

（4）对多次发生严重违章的单位，要按照公司《安全警示约谈工作规范（试行）》规定，由上级违章查处单位进行约谈。

（5）严重违章惩处措施落实后，责任单位应在 7 日内将处理意见报违章查处单位，15 日内以本级安委会文件上报整改报告（模板见附录 F），同时上级违章查处单位要在本单位范围内通报。惩处相关文件、单据应在责任单位安监部留存备查。

（二）一般违章

发现一般违章，违章查处单位要及时下发违章通知单，责成违章单位整改。违章查处单位在周（月）安全例会上对违章问题进行曝光，并在本单位范围内发文通报。考核责任人 300~500 元 / 次、外包人员 300~500 元 / 次。联责处罚工作负责人（专责监护人）或班组长、到岗到位人员 100~300 元 / 次。

第五节　安全警示约谈

一、安全提醒谈话

安全提醒谈话（简称提醒谈话）是指公司通过当面或视频会议等方式，对安全生产存在（或可能存在）重大安全风险、隐患的相关单位进行预防性、提醒性的谈话。

存在以下情形之一的，可以开展提醒谈话：

（1）公司系统内、外发生重大影响的安全事故（事件）后，相关单位存在类似安全风险或隐患的。

（2）在迎峰度夏（冬）、重大活动保电等重要时段可能存在影响电网安全运行重大安全风险的。

（3）出现台风、暴雨、寒潮等恶劣天气可能对电网安全运行造成较大影响的。

（4）生产检修、建设施工高风险作业集中的。

（5）新业务新业态运营，可能存在较大安全风险的。

（6）其他需要提醒谈话的情形。

二、安全问询警示

安全问询警示（简称问询警示）是指公司通过当面或视频会议等方式就有关安全生产问题线索、安全事件以及安全监督检查中发现苗头性、倾向性问题，对相关单位进行问询核实、警示督促的谈话。

存在以下情形之一的，可以开展问询警示：

（1）因安全生产方面问题被省级地方政府或部门函询、约谈或通报的。

（2）因安全生产方面问题线索被举报至公司总部或政府相关部委的。

（3）电网、人身、设备、网络信息、消防等安全风险防控和隐患排查治理工作不落实、开展不力的。

（4）“四不两直”安全督察或安全监督检查发现作业现场“四个管住”要求严重不落实或存在严重违章的。

（5）日常安全监督管理工作开展不力，连续三个月在总部安全监督月报中评价得分处于后三名的。

（6）3 个月内连续发生两起及以上六级人身事件、七级责任电网和设备事件、八级责任信息系统事件或发生造成不良影响事件的。

（7）其他需要问询警示的情形。

三、安全纠错约谈

安全纠错约谈（简称纠错约谈）是指公司通过当面或视频会议等方式对安全生产管理存在严重问题、出现责任性或造成不良影响事件的相关单位进行的安全纠错告诫谈话。

存在以下情形之一的，可以开展纠错约谈：

（1）落实国家安全生产有关法律法规不到位的。

（2）贯彻落实公司安全生产决策部署不力，重点安全工作不落实的。

（3）安全巡查、监督检查发现安全生产方面存在突出机制性、体制性问题的，如安全投入严重不足、安全责任落实存在明显漏洞、安全机制不健全、运转不畅等问题。

（4）相关单位安全生产方面工作失误被省级及以上政府或部门函询、约谈、通报的。

（5）对公司“四不两直”安全督察、安全生产巡查等监督检查发现的严重问题，拒绝整改、整改不力或弄虚作假的；以及被公司问询警示谈话后，仍存在相同问题不及时整改的。

（6）发生五级人身事件、六级责任电网和设备事件、七级责任信息系统事件或发生造成重大影响事件的。

（7）对发现的重大安全隐患未及时采取防范措施或未按期完成治理的。

（8）在国际化经营、国际交流合作中，安全生产工作有严重失误的，造成不良影响的。

（9）其他需要纠错约谈的情形。

四、安全问责约谈（“说清楚”）

安全问责约谈（“说清楚”）（简称问责约谈）是指相关单位就安全生产方面出现的严重问题或安全事故（事件）有关概况、原因、处置措施等内容，当面向公司作的检查汇报，以深刻反思错误、汲取教训。

存在以下情形之一的，应开展问责约谈：

（1）发生一般及以上人身事故、五级及以上责任性电网和设备事件、六级及以上责任性信息系统事件或发生造成特别重大影响事件的。

（2）被公司纠错约谈后，仍未落实整改措施的。

（3）其他需要问责约谈的情形。

附录A

安全督查装备标准（供参考）

序号	督查装备	基本要求	备注
1	安全帽	（1）安全帽用于人员头部防护，督察组进入生产现场，应正确佩戴安全帽。 （2）安全帽应选择红色，材质参数应符合《标准尺寸》（GB 2811—2005）的规定。 （3）安全帽正面应喷涂公司LOGO标识，后面应喷涂“安全督察”字样和编号。 （4）视情况选择具备定位、摄像、照明等功能的智能安全帽	通用装备（所有现场）
2	工作服	（1）工作服用于安全督查人员着装。 （2）面料为100%棉。 （3）采用2cm的3M反光条、纽扣、拉链采用防静电材料、袋布采用全棉材质，上衣带有公司LOGO标识。 （4）所有辅配件采用防静电材料	
3	证件	（1）此证件是督察人员依规开展安全督查时的身份证明。 （2）安全督查证尺寸与身份证相同。 （3）证件记录安全督查人员信息，正面个性化印刷，包括姓名、督查级别、督查区域、有效日期，证件背面印刷督查人员持证规范、基本要素、持证须知	
4	臂章	（1）此证件是督察人员依规开展“四不两直”安全督察时的身份证明。 （2）正面上方凸痕烫银压印“安全督察”，下方凸痕烫银压印公司LOGO	

续 表

序号	督查装备	基本要求	备注
5	反光马甲	（1）反光马甲用于督察人员躯体防护，起到容易识别和安全警示的作用。 （2）应采用高能见度反光材料制作，易穿戴，通气性好，具有防火功能。 （3）正面为公司LOGO标识，背面为“××公司安全督察”字样。 （4）正面应有能够固定录音摄像设备的设计	通用装备（所有现场）
6	录音录像设备	（1）此设备用于督察人员现场问题线索收集的专用装备。 （2）应具有拍照、摄像、夜视、GPS等基础功能。 （3）录像和拍照应支持时间邮戳，嵌入实时的时间，格式为：年、月、日、时、分、秒。 （4）应支持一键录像功能，录像连续工作时间至少满足8小时。支持一键拍照功能，最大拍照2592×1944像素照片。 （5）开机LOGO默认为公司LOGO，设备适当位置喷涂公司LOGO	
7	移动作业终端	安卓智能手机，下载并安装风险管控平台助手APP。用于督察人员现场签到、查纠违章上传	
8	应急医疗药品	存放急救用品包括（酒精棉、手套、生理盐水、消毒纱布、绷带、创可贴等用品），并应指定专人经常检查、补充或更换，用于发生事故现场人员临时包扎、止血	
9	安全规程、标准	《国家电网公司电力安全工作规范》（变电部分、配电部分、线路部分）、《国家电网有限公司电力建设安全工作规程》及《营销现场作业安全工作规范》等规程、标准，用于督查人员查阅现场是否符合规程要求	

续 表

序号	督查装备	基本要求	备注
10	督查车辆	小型汽车，外观整洁，车灯系统、刹车系统正常，保险、年检等手续齐全	通用装备（所有现场）
11	风速仪	风速测量范围要达到0~45m/s，要求精度不小于0.3m/s，风量显示0~9999m/s，可接外部存储卡，不小于4G，可存储5000条以上气象数据，存储数据可导出，用于督查人员测量风速	室外作业现场
12	温湿度仪	温度测量范围要达到-20~50℃，要求精度大于±0.3℃；湿度测量范围要达到0%~99%相对湿度，要求精度大于±3%相对湿度；用于督查人员测量带电作业现场温湿度	带电作业现场
13	望远镜	放大倍率高于10倍，物镜直径达到42mm，内部充氮气，具有防水功能。用于督查人员检查高处作业人员是否规范	高处作业现场
14	气体检测仪	带LCD屏显、可充电锂电。可检测可燃气体、氧气、一氧化碳、硫化氢等。用于督查人员检测有限空间气体情况	深基坑作业现场

附录B

风险评估危险因素

序号	评估类别	危险因素
一	触电伤害	
（一）	误入、误登带电设备	（1）设备检修时，工作人员与带电部位的安全距离小于规定值，造成人员触电
		（2）悬挂标示牌和装设遮（围）栏不规范，造成人员触电。如：标示牌缺少、数量不足或朝向不正确，装设遮（围）栏不满足现场安全的实际要求等
		（3）高压设备的隔离措施不规范，造成误入带电设备触电。如：遮栏不稳固，高度不足，未加锁等
		（4）对难以做到与电源完全断开的检修设备未采取有效措施，造成人员触电。如：检修母线侧隔离开关时未将隔离开关母线侧引线带电拆除等
		（5）高压开关柜易误碰有电设备的孔洞，隔离措施不规范，造成人员触电。如：手车开关的隔离挡板缺失、损坏、封闭不严，封闭式组合电器引出电缆备用孔或母线的终端备用孔未采取隔离措施等
		（6）工作票上安全措施不正确完备，造成人员触电。如：应拉断路器、隔离开关等未拉开，有来电可能的地点漏挂接地线等
		（7）检修设备停电，未能把各方面的电源完全断开，造成人员触电。如：星形接线设备的中性点隔离开关未拉开，检修设备没有明显断开点，有反送电可能的设备与检修设备之间未断开等
		（8）高压设备名称、编号标志设置不规范、不齐全造成误入、误登带电设备触电。如：设备标牌脱落、字迹不清、更换名称标牌不及时等
		（9）现场安全交底内容不清楚，造成人员触电。如：工作负责人布置工作任务时未向工作班成员交待杆塔双重名称及编号，工作班成员登杆前未核对双重称号和标志导致误登带电杆塔触电
		（10）忽视对外协工作人员、临时工的安全交底，造成人员触电。如：使用少量的外协工作人员、临时工时，未进行安全交底
		（11）检修人员擅自工作或不在规定的工作范围内工作，误入、误登带电间隔，造成人员触电。如：无票工作、未经许可工作、擅自扩大工作范围、在安全遮（围）栏外工作等

续 表

序号	评估类别	危险因素
（一）	误入、误登带电设备	（12）杆塔上传递材料时的安全距离不符合要求，造成人员触电。如：同杆架设多回路单回停电、平行、邻近、交叉带电杆塔上工作传递工器具材料
		（13）平行、邻近、同杆架设线路附近停电作业，接触导线、架空地线时感应电放电，造成人员触电。如：未使用个人保安线
		（14）穿越未经接地同杆架设低电压等级线路，造成人员触电
		（15）电力检修（施工）作业，未能准确判断电缆运行状态、盲目作业，造成人员触电
		（16）电缆接入（拆除）架空线路或开关柜间隔，误登带电杆塔或误入带电间隔，造成人员触电
（二）	误碰带电设备	（1）现场使用吊车、斗臂车等大型机械时，对吊车、斗臂车司机现场危险点告知及检查不规范，造成人员触电。如：未告知现场工作范围及带电部位，致使吊臂对带电导体放电等
		（2）室内、室外母线分段部分、母线交叉部分及部分停电检修时忽视带电部位，造成人员触电。如：作业地点带电部位不清，误碰带电设备等
		（3）现场临时电源管理不规范，造成人员触电。如：乱拉电源线，电源线敷设不规范，使用的工具、金属型材、线材误将临时电源线轧破磨伤等
		（4）仪器的摆放位置不合理，造成人员触电。如：仪器摆错位置或摆放位置离带电设备太近等
		（5）容性设备进行试验工作放电不规范，造成人员触电。如：电力电容器、电力电缆未充分放电等
		（6）加压过程中失去监护，造成人员触电。如：监护人干其他工作或随意离去，注意力不集中等
		（7）仪器金属外壳无保护接地，造成人员触电。如：外壳未接地或接地不牢等
		（8）试验现场安全措施不规范，他人误入，造成人员触电。如：遮栏或围栏进出口未封闭，标示牌朝向不正确，无人看守等
		（9）高压试验人员操作时未规范使用绝缘垫，造成人员触电。如：绝缘垫耐压不合格，绝缘垫太小，试验人员操作时一只脚站在绝缘垫上，另一只脚站在地面上等

续表

序号	评估类别	危险因素
（二）	误碰带电设备	（10）绝缘工器具不合格或使用不规范，造成人员触电。如：受潮、破损、超周期使用，绝缘杆未完全拉开等
		（11）低压回路工作中无人监护误碰其他带电设备。如：工作人员身体裸露部分误碰带电设备等
		（12）在变电站内人工搬运较长物件不规范。如：梯子、金属管材、型材未放倒搬运等
		（13）检修设备的交、直流电源未断开，造成人员触电。如：未断开检修设备的控制电源或合闸电源等
		（14）拖拽电缆时未做防护措施，导致与带电设备距离不够，造成人员触电
（三）	电动工器具类触电	（1）电动工器具的使用不规范，造成人员触电。如：手握导线部分或与带电设备安全距离不够等
		（2）电动工器具绝缘不合格，造成人员触电。如：外绝缘破损、超周期使用等
		（3）电动工器具金属外壳无保护，造成人员触电。如：外壳未接地或用缠绕方式接地
（四）	倒闸操作触电	（1）不具备操作条件进行倒闸操作，造成人员触电。如：设备未接地或接地不可靠，防误装置功能不全、雷电时进行室外倒闸操作、安全工器具不合格等
		（2）倒闸操作过程中接触周围带电部位，造成人员触电。如：操作时误碰带电设备、操作未保证足够的安全距离等
		（3）操作过程中发生设备异常，擅自进行处理，误碰带电设备触电
		（4）操作人未按照顺序逐项操作，漏项、跳项操作导致触电
		（5）操作时未认真执行“三核对”，走错位置，误入带电间隔，误拉隔离开关，导致触电或电弧灼伤
		（6）操作隔离开关过程中瓷柱折断，引线下倾，造成人身触电。如：站立位置不当、操作用力过猛绝缘子开裂或安装不牢固等
		（7）操作肘型电缆分支箱、箱式变压器时触碰相邻的带电设备，造成人员触电
		（8）对环网柜、电缆分支箱、箱式变压器操作时，不执行停电、验电制度，直接接触设备导电部分，造成人员触电

续 表

序号	评估类别	危险因素
（四）	倒闸操作触电	（9）验电器、绝缘操作杆受潮，造成人员触电。如：雨天操作没有防雨罩，存放或使用不当等
		（10）装地线前不验电、放电，装、拆接地线时，方法不正确或安全距离不够，造成人员触电。如：装、拆接地线碰到有电设备，操作人与带电部位小于安全距离，攀爬设备构架等
		（11）装拆临时接地线操作不当，造成人员触电。如：装设接地线时接地线触及操作人员身体、装设接地地线时误碰带电设备、装设接地操作顺序颠倒
（五）	运行维护工作触电	（1）当值运维人员更换高压熔断器、贴试温蜡片、测温、卫生清扫等工作失去监护，人员误入、误登、误碰带电设备，造成人员触电
		（2）当值运维人员进行更换低压熔断器、二次设备清扫、更换灯泡等工作，工器具选择不当，未与带电设备保持安全距离，造成人员触电。如：清扫设备时安全距离小于规定值、没有使用安全工器具、工具的金属部分未用绝缘物包扎等
		（3）高压设备发生接地时，巡视人员与接地之间小于安全距离没有采取防范措施，造成人员触电
		（4）雷雨天巡视设备时，靠近避雷针、避雷器，遇雷反击，造成人员触电
		（5）夜间巡视设备时，巡视人员因光线不足，误入带电区域，造成人员触电
		（6）汛期巡视设备时，安全用品、设备失效，造成人员触电
（六）	交流低压触电	（1）电流互感器二次回路开路，造成人员触电。如：试验短接线脱落、电流互感器二次绕组切换步骤不正确等
		（2）电压互感器二次回路上取放熔丝、测量电压、拆接线工作不规范，造成人员触电。如：未使用绝缘工具，未戴手套等
		（3）工作中试验方法不当，造成人员触电。如：接错线、试验表计未调至零位或未断开电源等
		（4）工作人员改接试验线时，未采取措施，造成人员触电
		（5）工作人员在二次回路加压，操作错误，造成人员触电。如：误合电压回路的空气开关，应断开的电压端子未断开等
		（6）带电收放临时电源线（保护用接地线），造成人员触电。如：未断开临时电源，误碰带电部位等

序号	评估类别	危险因素
（六）	交流低压触电	（7）绝缘电阻表输出误碰他人和自己，造成人员触电。如：试验线有裸露部分、有其他人员在摇测绝缘的回路上工作、摇测绝缘时作业人员触及输出端子等
		（8）工作中误触相邻运行设备带电部位。如：同屏布置的二次设备检修时，相邻的运行设备未做安全隔离措施等
		（9）运行中的电流、电压互感器二次回路，因为二次失去接地线，一次高压通过电容耦合等串入低压回路，造成触电
（七）	直流低压触电	（1）直流回路上工作，未采取防护措施造成人员触电。如：未使用绝缘工具，未戴手套等
		（2）直流回路上工作，应断开电源的未断开，造成人员触电。如：操作电源、信号电源、测控电源未断开等
（八）	其他类触电	（1）变电站内一次高压设备拆、接引线不规范，造成人员触电。如：引线未接地、未戴绝缘手套、引线甩动、反弹幅度过大等
		（2）在变电站内一次高压设备上工作，因感应电造成人员触电。如：未装设临时接地保护线或无其他保护措施等
		（3）动火工作过程不规范，造成人员触电。如：动火用具与带电设备安全距离不够，在较潮湿的环境条件下进行电焊作业
		（4）雷雨天气在变电站内工作未采取安全措施
		（5）门卫制度不严格，造成他人进入变电站触电。如：外来工作人员随意进入变电站，导致与带电部位距离不满足安全要求或误入带电间隔
		（6）进行设备验收工作时，人与带电部位距离小于安全距离，造成人身触电
		（7）绝缘斗臂车工作位置选择不当，绝缘部位与带电距离不够，导致相间短路
		（8）带电作业人员不熟悉带电操作程序，导致触电
二	高空坠落	
（一）	登塔、登杆作业	（1）高处作业时，防止高处坠落的安全控制措施不充分、高处作业时失去监护或监护不到位，造成人员高处坠落
		（2）个人安全防护用品使用不当，造成人员高处坠落。如：使用不合格的安全帽或安全帽佩戴不正确、高处作业使用不合格的安全带或使用方法不正确，在登杆、登塔中不能起到防护作用等

续 表

序号	评估类别	危险因素
（二）	绝缘子、导线上工作	（1）更换绝缘子时，绝缘子锁紧销脱落等，造成人员高处坠落
		（2）链条葫芦使用不规范，导致绝缘子掉串，造成人员高处坠落。如：超载、制动装置失灵等
		（3）更换绝缘子时，滑轮组使用不规范，造成人员高处坠落。如：滑轮组绳强度不足、过载等
（三）	构架上工作	（1）构架上有影响攀登的附挂物，造成人员高处坠落。如：照明灯、标示牌、支撑架、拉线等
		（2）攀登时，爬梯金属件或支撑物不符合要求，造成人员高处坠落。如：金属件缺失、松动、脱焊、锈蚀严重、支撑物埋设松动
		（3）构架上移位方法不正确，失去防护，造成人员高处坠落。如：未正确使用双保险安全带，手未扶构件或手扶的构件不牢固，踩点不正确或踏空等
		（4）焊、割工作中防护措施不当，造成人员高处坠落。如：安全带系挂在焊、割构件上或焊、割点附近及下风侧，工作人员在下风侧等
（四）	使用软梯在软母线上工作	（1）梯头及软梯本身不符合要求，造成人员高处坠落。如：封口损坏、连接松动、脱焊、裂纹，软梯腐蚀、勾股、断股、挂钩保险损坏等
		（2）软梯架设不稳固或攀登方法不正确，造成人员高处坠落。如：软梯与梯头连接不牢固，梯头与母线挂接不可靠，软梯不稳；跳跃攀登、双手未抓牢主绳、脚未踩稳等
		（3）梯头挂接不可靠或防护措施不当，造成人员高处坠落。如：梯头封口未可靠封闭，且安全带未系在母线上等
（五）	使用梯子攀登或在梯子上工作	（1）梯子本身不符合要求，造成人员高处坠落。如：构件连接松动、严重腐（锈）蚀、变形；防滑装置（金属尖角、橡胶套）损坏或缺失、无限高标志或不清晰、绝缘梯绝缘材料老化、劈裂；升降梯控制爪损坏、人字梯铰链损坏、限制开度拉链损坏或缺失等
		（2）梯子放置不符合要求，造成人员高处坠落。如：角度不符合要求、不稳固；梯子架设在滑动的物体上、人字梯限制开度拉链未完全张开；升降梯控制爪未卡牢，靠在软母线上的梯子上端未固定等
		（3）上、下梯子防护措施不当造成坠落。如：无人扶梯、未穿工作鞋、脚未踩稳、手未抓牢、面部朝向不正确等

序号	评估类别	危险因素
（五）	使用梯子攀登或在梯子上工作	（4）在梯上工作时，梯子使用不当或在可能被误碰的场所使用梯子未采取措施，造成坠落。如：站位超高、总质量超载、梯子上有人时移动梯子、在通道、门（窗）前使用梯子时被误碰等
		（5）水平梯使用方法不正确、失去防护，造成人员高处坠落。如：梯子固定不可靠或超载使用，导致水平梯脱落或断裂，且未使用双保险安全带等
（六）	脚手架上工作	（1）脚手架本身不符合要求，造成人员高处坠落。如：组件腐蚀、拆裂、严重机械损伤；组件裂纹、严重锈蚀、变形、弯曲；木（竹）制脚手板厚度不合要求；安全网网绳、边绳、筋绳断股、散股及严重磨损，连接不牢；脚手架的承重不符合要求
		（2）脚手架上工作面湿滑及防护措施不当，造成人员高处坠落。如：工作面有油污、冰雪、鞋底有油污、无上下固定梯子、在高度超过1.5m没有栏杆的脚手架上工作未使用安全带等
（七）	斗臂车（含曲臂式升降平台）上工作	（1）斗臂车本身不符合要求，造成工作斗下落，造成人员高处坠落。如：结构变形、裂缝或锈蚀；零部件磨损或变形；气（电）动、液压保险、制动装置失灵；螺栓和其他紧固件松动；焊接部位开裂纹、脱焊；铰接点的销轴装置脱落等
		（2）斗臂车不稳固造成倾覆，造成人员高处坠落。如：地面松软、支撑不稳定
		（3）工作方法不正确，造成人员高处坠落。如：发动机熄火；下部人员误操作，且绝缘斗中工作人员未系安全带，导致绝缘斗中人员被其他物件碰挂等
（八）	电缆竖井作业	电缆竖井内设施不符合要求，工作方法不正确，造成人员高处坠落。如：爬梯或电缆支架缺失、松动、脱焊、锈蚀严重；上下爬梯脚未踩稳、登高工作中未使用安全带等
（九）	变压器顶盖上工作	变压器顶盖工作面湿滑，造成人员高处坠落。如：变压器顶盖有油污、鞋底有油污等
三	物体打击	
（一）	高处作业现场	高处落物伤人。如：不正确佩戴安全帽、围栏设置和传递工具材料方法不正确等
（二）	工作平台及脚手架	垮塌或落物伤人。如：工作平台、脚手架四周没有设置围网，杆脚搭设在不稳固的鹅卵石上等

续 表

序号	评估类别	危险因素
（三）	电气操作	（1）操作隔离开关过程中，瓷柱折断伤人，操作把手断裂伤人。如：瓷柱有裂纹损伤，操作用力过猛等，操作把手有裂纹损伤等
		（2）操作时，安全工器具掉落伤人。如：绝缘罩、绝缘板或地线杆等掉落
（四）	安装、检修隔离开关、断路器等变电设备	设备支柱绝缘子断裂或倾倒砸伤人。如：设备本身质量有问题，焊接部位不牢；工作人员违章工作将安全带打在套管绝缘子或支柱绝缘子上等
（五）	搬运设备及物品	重物失去控制伤人。如：搬运各种保护屏、柜、试验仪器、等设备
（六）	更换绝缘子	绝缘子掉串伤人。如：绝缘子没有连接好突然掉落、控制绝缘子的绳子突然松掉等
（七）	压力容器	喷出物或容器损坏伤人
（八）	装运水泥杆、变压器、线盘	水泥杆、变压器、线盘砸伤人。如：抬水泥杆时，水泥杆突然掉落；堆放水泥杆时，水泥杆突然滚动等
（九）	线路拆线	倒塔和断线时伤人。如：倒杆（塔）、断杆砸伤人，断线时跑线抽伤人
（十）	立、撤杆塔	杆塔失控伤人。如：揽风绳、叉杆失控引起倒杆塔等
（十一）	水泥杆底、拉盘施工、铁塔水泥基础施工	起吊或放置重物措施不当伤人。如：安放杆塔或拉线底盘时杆坑内有人工作等
（十二）	放、紧线及撤线	导线失控伤人。如：导线抽出伤人，手被导线挤伤、压伤等
（十三）	砍剪树竹	树竹失控伤人。如：被倒下的树木或朽树枝砸伤等
（十四）	敷设电缆	人员绊伤、摔伤、传动挤伤

续表

序号	评估类别	危险因素
（十五）	挖掘电缆沟	安全措施不当，导致伤人
（十六）	电缆头制作	操作不规范、措施不当，导致物体打击。如：坑、洞内作业未设置安全围栏等
四	机械伤害	
（一）	操作钻床、台钻等机械设备	设备防护设施不全，造成人员伤害。如：缺少防护罩、防护屏、戴手套操作钻床等
（二）	开关设备的储能机构、装置检修	机械故障导致的能量非正常释放，造成人员伤害。如：弹簧、测量杆伤人等
（三）	砍剪树竹	使用的工器具质量不合格、操作不当或失控，造成人员伤害。如：油锯金属碎片飞出、锯掉的木屑、卡涩引起的转动异常、碰金属物、用力过猛误伤等
（四）	敷设电缆	展放电缆挤压伤人，或使用电缆刀剥导线时伤人，造成人员伤害
（五）	起重机械	吊车起重作业措施不当失控伤人，造成人员伤害。如：翻车、千斤断裂或系挂点脱落、起吊回转范围内有人等
五	特殊环境作业	
（一）	夜晚、恶劣天气作业	（1）夜晚高处作业，工作场所照明不足，导致事故
		（2）恶劣气候条件下，在杆塔上作业未采取有效的保障措施，导致事故。如：雨、雾、冰雪、大风、雷电、高温、高寒等天气
（二）	有限空间作业	（1）未对从业人员进行安全培训，或培训教育考试不合格，导致人身伤害
		（2）未严格实行作业审批制度，擅自进入有限空间作业，导致人身伤害
		（3）未做到“先通风、再检测、后作业”，或者通风、检测不合格，照明设施不完善，导致人身伤害

序号	评估类别	危险因素
（二）	有限空间作业	（4）未配备防中毒窒息防护设备、安全警示标志，无防护监护措施，导致人身伤害
		（5）未制定应急处置措施，作业现场应急装置未配备或不完整，作业人员盲目施救，导致人身伤害和衍生事故
六	误操作	
（一）	电气设备防误装置	1.设备固有防误装置
		（1）防误闭锁装置功能不正常、强行解锁，造成误操作。如：程序出错、逻辑关系错误、锁具或钥匙失灵等
		（2）防误闭锁装置不完善，造成误操作。如：闭锁有漏点、没加挂机械锁等
		（3）无法验电的设备、联络线设备的电气闭锁装置不可靠，造成误操作。如：高压带电显示装置提示错误、高压带电显示闭锁装置闭锁失灵等
		2.防误装置逻辑和软件系统
		（1）防误装置有逻辑死区，造成误操作。如：逻辑关系漏编等
		（2）计算机监控系统中没有防误闭锁功能或功能不完善，造成误操作。如：操作程序漏编、错编等
		（3）远方遥控操作，未实现对受控站的远方防误操作闭锁，造成误操作。如：未配置闭锁、闭锁未连接、逻辑关系设置错误或有遗漏等
		（4）防误装置主机发生故障时无法恢复数据或与实际不符，造成误操作。如：数据无备份、信息变更时数据备份不及时等
（二）	运维专业误操作	1.人员行为导致误操作
		（1）操作人员、检修维护人员未做到“三懂二会”（懂防误装置的原理、性能、结构；会操作、维护），造成误操作
		（2）操作及事故处理时注意力不集中、精力分散或过度紧张，造成误操作
		（3）无调度指令或调度指令错误，造成误操作。如：无调度指令操作，操作任务不清、漏项、错项等

续 表

序号	评估类别	危险因素
（二）	运维专业误操作	（4）无操作票或操作票错误，造成误操作。如：无操作票、操作票漏项、错项等
		（5）倒闸操作没有按照顺序逐项操作，未进行“三核对”或现场设备没有明显标志，造成误操作。如：漏项或跳项操作，操作前未核对设备名称、编号和位置，操作设备无命名、编号、转动方向及切换位置的指示标志或标志不明显等
		（6）操作任务不明确，调度术语不标准、联系过程不规范，造成误操作。如：操作目的不清、调度术语不确切、未互报单位和姓名、未复诵等
		（7）设备检修、验收或试验过程中，误分合隔离开关或接地隔离开关，造成误操作。如：未按规定加锁、擅自操作、验收操作时未核对设备等
		（8）操作时走错间隔，造成误分、合断路器，误带电挂接地线，造成误操作
		（9）验电器选择或使用不当，造成误操作。如：验电器电压等级与实际不符、验电器损坏、验电位置错误等
		（10）装设接地线未按程序进行，带电挂接地线，造成误操作。如：未验电、验电后未立即装设接地线等
		（11）交直流电压小开关误投、误退，造成误操作
		（12）电流互感器二次端子接线与一次设备方式不对应，造成误操作。如：二次端子操作顺序错误等
		（13）切换二次压板未考虑保护和自动装置联跳回路影响，造成误操作。如：母差保护回路、失灵联跳回路、负荷联切回路、备自投装置、跳闸压板切换等误（漏）投、退等
		（14）两个系统并列操作时，未同期合闸，造成误操作。如：同期装置故障、非同期并列等
		（15）智能变电站软压板在后台监控机进行操作时，运行人员误投、退软压板造成误操作。如：误进入临近回路间隔
		（16）智能变电站软压板操作顺序错误造成保护误动。如：母差保护压板恢复时，误操作检修状态硬压板、保护出口软压板等
		（17）智能变电站操作时误操作开关分、合闸把手，易造成控制回路断线。如：操作智能终端分合闸把手时，误操作断路器机构操作把手

序号	评估类别	危险因素
（二）	运维专业误操作	2.运维管理不当导致误操作
		（1）一次系统模拟图（或计算机系统模拟图）与现场设备或运行方式不一致，造成误操作。如：运行方式改变时，设备和编号变更时未及时变更模拟图等
		（2）解锁钥匙管理不规范，造成误操作。如：擅自使用、超范围使用、未及时封存、私藏解锁钥匙等
（三）	继电保护专业误操作	1.误整定
		（1）整定计算原始参数错误，造成误整定。如：未按规定实测、测量误差大等
		（2）整定计算结果错误，造成误整定。如：计算人员对电网运行方式、二次设备不了解，说明书版本与现场二次设备实际功能不符，无人复算、核实，造成误整定
		（3）定值切换未按要求进行或定值输入错误，造成误整定。如：定值切换顺序错误、定值输入错误等
		（4）试验时变动保护定值未恢复，造成误整定
		（5）电网运行方式变动，如一次设备充电时，切换临时定值区或更改定值，未及时恢复，造成误整定
		2.误接线
		（1）图纸不正确、不规范，造成误接线。如：无图纸、不齐全或图纸改动后未履行审批手续、图纸与现场设备接线不符，回路编号、元件标志标识不正确、不规范、意义不明确等
		（2）不按设计图纸施工，造成误接线。如：施工现场无图纸或未按图接线等
		（3）保护及自动装置检验时断开接线端子，恢复接线时接错，造成误接线
		3.误碰
		（1）二次设备上工作时，使用不合格的工器具，造成误碰运行设备。如：清扫工作未使用绝缘工具，螺丝刀的金属竿部分未缠绕绝缘胶带等

续 表

序号	评估类别	危险因素
（三）	继电保护专业误操作	（2）现场运维人员所做安全措施不满足安全工作要求，造成误碰运行设备。如：试验设备上联跳回路压板、失灵启动压板、远方启动压板未退出，被试TA接入母差保护、主变压器保护、3/2接线线路保护等运行中设备的电流试验端子未断开后短接，被试保护屏的相邻设备无明显区分标志等
		（3）外来工作人员作业因未对其进行安全措施交底、失去监护等，造成误碰运行设备
		（4）保护人员实施安全措施的方法不合理，造成误碰运行设备。如：未做隔离措施、无人监护等
		（5）工作中重要环节操作失去监护、操作不规范，造成误碰运行设备。如：操作保护压板、切换开关、定值区、交（直）流空气开关、电流试验端子、插拔保护插件、触及交（直）流回路无专人监护，试验接线后没有专人检查等
		（6）二次设备上工作时，未正确使用工器具，造成误碰运行设备，如万用表用错档位等
		（7）二次设备上工作，着装不规范，造成误碰运行设备。如：工作服上有金属构件等

附录C

违章分类清单及扣分标准（包括但不限于）

序号	违章现象	违章性质	违章级别	违章代码	扣分标准
1. 严重违章					
1.1 Ⅰ类严重违章（15条）					
1	无日计划作业，或实际作业内容与日计划不符	管理违章	Ⅰ类	A01	12
2	存在重大事故隐患而不排除，冒险组织作业；存在重大事故隐患被要求停止施工、停止使用有关设备、设施、场所或者立即采取排除危险的整改措施，而未执行的	管理违章	Ⅰ类	A02	12
3	建设单位将工程发包给个人或不具有相应资质的单位	管理违章	Ⅰ类	A03	12
4	使用达到报废标准的或超出检验期的安全工器具	管理违章	Ⅰ类	A04	12
5	工作负责人（作业负责人、专责监护人）不在现场，或劳务分包人员担任工作负责人（作业负责人）	管理违章	Ⅰ类	A05	12
6	未经工作许可（包括在客户侧工作时，未获客户许可），即开始工作	行为违章	Ⅰ类	A06	12
7	无票（包括作业票、工作票及分票、操作票、动火票等）工作、无令操作	行为违章	Ⅰ类	A07	12
8	作业人员不清楚工作任务、危险点	行为违章	Ⅰ类	A08	12
9	超出作业范围未经审批	行为违章	Ⅰ类	A09	12
10	作业点未在接地保护范围	行为违章	Ⅰ类	A10	12
11	漏挂接地线或漏合接地刀闸	行为违章	Ⅰ类	A11	12

序号	违章现象	违章性质	违章级别	违章代码	扣分标准
12	组立杆塔、撤杆、撤线或紧线前未按规定采取防倒杆塔措施；架线施工前，未紧固地脚螺栓	行为违章	Ⅰ类	A12	12
13	高处作业、攀登或转移作业位置时失去保护	行为违章	Ⅰ类	A13	12
14	有限空间作业未执行“先通风、再检测、后作业”要求；未正确设置监护人；未配置或不正确使用安全防护装备、应急救援装备	行为违章	Ⅰ类	A14	12
15	作业人员在张力机进线侧开展整理、牵拽钢丝绳等作业	行为违章	Ⅰ类	A15	12
1.2 Ⅱ类严重违章（30条）					
16	未及时传达学习国家、公司安全工作部署，未及时开展公司系统安全事故（事件）通报学习、安全日活动等	管理违章	Ⅱ类	B01	6
17	安全生产巡查通报的问题未组织整改或整改不到位的	管理违章	Ⅱ类	B02	6
18	针对公司通报的安全事故事件、要求开展的隐患排查，未举一反三组织排查；未建立隐患排查标准，分层分级组织排查的	管理违章	Ⅱ类	B03	6
19	承包单位将其承包的全部工程转给其他单位或个人施工；承包单位将其承包的全部工程肢解以后，以分包的名义分别转给其他单位或个人施工	管理违章	Ⅱ类	B04	6
20	施工总承包单位或专业承包单位未派驻项目负责人、技术负责人、质量管理负责人、安全管理负责人等主要管理人员；合同约定由承包单位负责采购的主要建筑材料、构配件及工程设备或租赁的施工机械设备，由其他单位或个人采购、租赁	管理违章	Ⅱ类	B05	6
21	没有资质的单位或个人借用其他施工单位的资质承揽工程；有资质的施工单位相互借用资质承揽工程	管理违章	Ⅱ类	B06	6
22	拉线、地锚、索道投入使用前未计算校核受力情况	管理违章	Ⅱ类	B07	6

续 表

序号	违章现象	违章性质	违章级别	违章代码	扣分标准
23	拉线、地锚、索道投入使用前未开展验收；组塔架线前未对地脚螺栓开展验收；验收不合格，未整改并重新验收合格即投入使用	管理违章	Ⅱ类	B08	6
24	未按照要求开展电网风险评估，及时发布电网风险预警、落实有效的风险管控措施	管理违章	Ⅱ类	B09	6
25	特高压换流站工程启动调试阶段，建设、施工、运维等单位责任界面不清晰，设备主人不明确，预试、交接、验收等环节工作未履行	管理违章	Ⅱ类	B10	6
26	约时停、送电；带电作业约时停用或恢复重合闸	管理违章	Ⅱ类	B11	6
27	未按要求开展网络安全等级保护定级、备案和测评工作	管理违章	Ⅱ类	B12	6
28	电力监控系统中横纵向网络边界防护设备缺失	管理违章	Ⅱ类	B13	6
29	两个及以上专业、单位参与的改造、扩建、检修等综合性作业，未成立由上级单位领导任组长，相关部门、单位参加的现场作业风险管控协调组；现场作业风险管控协调组未常驻现场督导和协调风险管控工作	管理违章	Ⅱ类	B14	6
30	货运索道载人	行为违章	Ⅱ类	B15	6
31	超允许起重量起吊	行为违章	Ⅱ类	B16	6
32	采用正装法组立超过30m的悬浮抱杆	行为违章	Ⅱ类	B17	6
33	紧断线平移导线挂线作业未采取交替平移子导线的方式	行为违章	Ⅱ类	B18	6
34	在带电设备附近作业前未计算校核安全距离；作业安全距离不够且未采取有效措施	行为违章	Ⅱ类	B19	6
35	乘坐船舶或水上作业超载，或不使用救生装备	行为违章	Ⅱ类	B20	6

续表

序号	违章现象	违章性质	违章级别	违章代码	扣分标准
36	在电容性设备检修前未放电并接地，或结束后未充分放电；高压试验变更接线或试验结束时未将升压设备的高压部分放电、短路接地	行为违章	Ⅱ类	B21	6
37	擅自开启高压开关柜门、检修小窗，擅自移动绝缘挡板	行为违章	Ⅱ类	B22	6
38	在带电设备周围使用钢卷尺、金属梯等禁止使用的工器具	行为违章	Ⅱ类	B23	6
39	倒闸操作前不核对设备名称、编号、位置，不执行监护复诵制度或操作时漏项、跳项	行为违章	Ⅱ类	B24	6
40	倒闸操作中不按规定检查设备实际位置，不确认设备操作到位情况	行为违章	Ⅱ类	B25	6
41	在继保屏上作业时，运行设备与检修设备无明显标志隔开，或在保护盘上或附近进行振动较大的工作时，未采取防掉闸的安全措施	行为违章	Ⅱ类	B26	6
42	防误闭锁装置功能不完善，未按要求投入运行	行为违章	Ⅱ类	B27	6
43	随意解除闭锁装置，或擅自使用解锁工具（钥匙）	行为违章	Ⅱ类	B28	6
44	继电保护、直流控保、稳控装置等定值计算、调试错误，误动、误碰、误（漏）接线	行为违章	Ⅱ类	B29	6
45	在运行站内使用吊车、高空作业车、挖掘机等大型机械开展作业，未经设备运维单	行为违章	Ⅱ类	B30	6
1.3 Ⅲ类严重违章（56条）					
46	承包单位将其承包的工程分包给个人；施工总承包单位或专业承包单位将工程分包给不具备相应资质单位	管理违章	Ⅲ类	C01	4
47	施工总承包单位将施工总承包合同范围内工程主体结构的施工分包给其他单位；专业分包单位将其承包的专业工程中非劳务作业部分再分包；劳务分包单位将其承包的劳务再分包	管理违章	Ⅲ类	C02	4
48	承发包双方未依法签订安全协议，未明确双方应承担的安全责任	管理违章	Ⅲ类	C03	4

续表

序号	违章现象	违章性质	违章级别	违章代码	扣分标准
49	将高风险作业定级为低风险	管理违章	Ⅲ类	C04	4
50	跨越带电线路展放导（地）线作业，跨越架、封网等安全措施均未采取	管理违章	Ⅲ类	C05	4
51	违规使用没有“一书一签”（化学品安全技术说明书、化学品安全标签）的危险化学品	管理违章	Ⅲ类	C06	4
52	现场规程没有每年进行一次复查、修订并书面通知有关人员；不需修订的情况下，未由复查人、审核人、批准人签署“可以继续执行”的书面文件并通知有关人员	管理违章	Ⅲ类	C07	4
53	现场作业人员未经安全准入考试并合格；新进、转岗和离岗3个月以上电气作业人员，未经专门安全教育培训，并经考试合格上岗	管理违章	Ⅲ类	C08	4
54	不具备“三种人”资格的人员担任工作票签发人、工作负责人或许可人	管理违章	Ⅲ类	C09	4
55	特种设备作业人员、特种作业人员、危险化学品从业人员未依法取得资格证书	管理违章	Ⅲ类	C10	4
56	特种设备未依法取得使用登记证书、未经定期检验或检验不合格	管理违章	Ⅲ类	C11	4
57	自制施工工器具未经检测试验合格	管理违章	Ⅲ类	C12	4
58	金属封闭式开关设备未按照国家、行业标准设计制造压力释放通道	管理违章	Ⅲ类	C13	4
59	设备无双重名称，或名称及编号不唯一、不正确、不清晰	管理违章	Ⅲ类	C14	4
60	高压配电装置带电部分对地距离不满足且未采取措	管理违章	Ⅲ类	C15	4
61	电化学储能电站电池管理系统、消防灭火系统、可燃气体报警装置、通风装置未达到设计要求或故障失效	管理违章	Ⅲ类	C16	4
62	网络边界未按要求部署安全防护设备并定期进行特征库升级	管理违章	Ⅲ类	C17	4

续表

序号	违章现象	违章性质	违章级别	违章代码	扣分标准
63	高边坡施工未按要求设置安全防护设施；对不良地质构造的高边坡，未按设计要求采取锚喷或加固等支护措施	管理违章、行为违章	Ⅲ类	C18	4
64	平衡挂线时，在同一相邻耐张段的同相导线上进行其他作业	管理违章、行为违章	Ⅲ类	C19	4
65	未经批准，擅自将自动灭火装置、火灾自动报警装置退出运行	管理违章、行为违章	Ⅲ类	C20	4
66	票面（包括作业票、工作票及分票、动火票等）缺少工作负责人、工作班成员签字等关键内容	行为违章	Ⅲ类	C21	4
67	重要工序、关键环节作业未按施工方案或规定程序开展作业；作业人员未经批准擅自改变已设置的安全措施	行为违章	Ⅲ类	C22	4
68	货运索道超载使用	行为违章	Ⅲ类	C23	4
69	作业人员擅自穿、跨越安全围栏、安全警戒线	行为违章	Ⅲ类	C24	4
70	起吊或牵引过程中，受力钢丝绳周围、上下方、内角侧和起吊物下面，有人逗留或通过	行为违章	Ⅲ类	C25	4
71	使用金具U形环代替卸扣；使用普通材料的螺栓取代卸扣销轴	行为违章	Ⅲ类	C26	4
72	放线区段有跨越、平行输电线路时，导（地）线或牵引绳未采取接地措施	行为违章	Ⅲ类	C27	4
73	耐张塔挂线前，未使用导体将耐张绝缘子串短接	行为违章	Ⅲ类	C28	4

续 表

序号	违章现象	违章性质	违章级别	违章代码	扣分标准
74	在易燃易爆或禁火区域携带火种、使用明火、吸烟；未采取防火等安全措施在易燃物品上方进行焊接，下方无监护人	行为违章	Ⅲ类	C29	4
75	动火作业前，未将盛有或盛过易燃易爆等化学危险物品的容器、设备、管道等生产、储存装置与生产系统隔离，未清洗置换，未检测可燃气体（蒸气）含量，或可燃气体（蒸气）含量不合格即动火作业	行为违章	Ⅲ类	C30	4
76	动火作业前，未清除动火现场及周围的易燃物品	行为违章	Ⅲ类	C31	4
77	生产和施工场所未按规定配备消防器材或配备不合格的消防器材	行为违章	Ⅲ类	C32	4
78	作业现场违规存放民用爆炸物品	行为违章	Ⅲ类	C33	4
79	擅自倾倒、堆放、丢弃或遗撒危险化学品	行为违章	Ⅲ类	C34	4
80	带负荷断、接引线	行为违章	Ⅲ类	C35	4
81	电力线路设备拆除后，带电部分未处理	行为违章	Ⅲ类	C36	4
82	在互感器二次回路上工作，未采取防止电流互感器二次回路开路，电压互感器二次回路短路的措施	行为违章	Ⅲ类	C37	4
83	起重作业无专人指挥	行为违章	Ⅲ类	C38	4
84	高压业扩现场勘察未进行客户双签发；业扩报装设备未经验收，擅自接火送电	行为违章	Ⅲ类	C39	4
85	未按规定开展现场勘察或未留存勘察记录；工作票（作业票）签发人和工作负责人均未参加现场勘察	行为违章	Ⅲ类	C40	4
86	脚手架、跨越架未经验收合格即投入使用	行为违章	Ⅲ类	C41	4
87	对“超过一定规模的危险性较大的分部分项工程”（含大修、技改等项目），未组织编制专项施工方案（含安全技术措施），未按规定论证、审核、审批、交底及现场监督实施	管理违章、行为违章	Ⅲ类	C42	4

续 表

序号	违章现象	违章性质	违章级别	违章代码	扣分标准
88	三级及以上风险作业管理人员（含监理人员）未到岗到位进行管控	行为违章	Ⅲ类	C43	4
89	电力监控系统作业过程中，未经授权，接入非专用调试设备，或调试计算机接入外网	行为违章	Ⅲ类	C44	4
90	劳务分包单位自备施工机械设备或安全工器具	管理违章	Ⅲ类	C45	4
91	施工方案由劳务分包单位编制	管理违章	Ⅲ类	C46	4
92	监理单位、监理项目部、监理人员不履责	管理违章	Ⅲ类	C47	4
93	监理人员未经安全准入考试并合格；监理项目部关键岗位（总监、总监代表、安全监理、专业监理等）人员不具备相应资格；总监理工程师兼任工程数量超出规定允许数量	管理违章	Ⅲ类	C48	4
94	安全风险管控平台上的作业开工状态与实际不符；作业现场未布设与安全风险管控平台作业计划绑定的视频监控设备，或视频监控设备未开机、未拍摄现场作业内容	管理违章	Ⅲ类	C49	4
95	应拉断路器（开关）、应拉隔离开关（刀闸）、应拉熔断器、应合接地刀闸、作业现场装设的工作接地线未在工作票上准确登录；工作接地线未按票面要求准确登录安装位置、编号、挂拆时间等信息	管理违章	Ⅲ类	C50	4
96	高压带电作业未穿戴绝缘手套等绝缘防护用具；高压带电断、接引线或带电断、接空载线路时未戴护目镜	行为违章	Ⅲ类	C51	4
97	汽车式起重机作业前未支好全部支腿；支腿未按规程要求加垫木	行为违章	Ⅲ类	C52	4
98	链条葫芦、手扳葫芦、吊钩式滑车等装置的吊钩和起重作业使用的吊钩无防止脱钩的保险装置	管理违章	Ⅲ类	C53	4
99	绞磨、卷扬机放置不稳；锚固不可靠；受力前方有人；拉磨尾绳人员位于锚桩前面或站在绳圈内	管理违章	Ⅲ类	C54	4
100	导线高空锚线未设置二道保护措施	行为违章	Ⅲ类	C55	4

序号	违章现象	违章性质	违章级别	违章代码	扣分标准
101	作业现场视频监控终端未配备存储卡，存储卡容量低于256G	管理违章	Ⅲ类	C56	4
2. 一般违章					
2.1 管理类一般违章（58条）					
2.1.1 责任落实类					
102	三级及以上作业风险现场未配置布控球，或一项作业涉及多个作业面时，各作业地点配置布控球数量无法满足监控要求	管理违章	一般	D01	2
103	未定期开展防误闭锁装置检查维护和逻辑程序检查	管理违章	一般	D02	2
104	班组上级主管领导未按要求参加、检查班组安全日活动	管理违章	一般	D03	2
105	施工项目部未开展日常安全检查，对发现的问题未进行整改	管理违章	一般	D04	2
106	监理项目部未开展日常安全检查，对发现的问题未督促整改	管理违章	一般	D05	2
107	业主项目部未按照规定的频次开展日常安全监督检查，对发现的问题未督促整改	管理违章	一般	D06	2
2.1.2 准入管理类					
108	业主单位未对业务承揽企业通过安全风险管控平台实施一项目一准入，或作业人员未实施动态考核	管理违章	一般	D07	2
109	业务承揽企业安全资信信息发生变动，未经安全风险管控监督平台进行信息变更	管理违章	一般	D08	2
110	企业施工资质和施工人员资格超期、失效；审查审批手续不完备	管理违章	一般	D09	2
111	承发包合同、安全协议等签订不符合规定	管理违章	一般	D10	2
112	外来施工人员未按要求使用安全防护用品，未办理、佩戴“胸卡证”	管理违章	一般	D11	2

续 表

序号	违章现象	违章性质	违章级别	违章代码	扣分标准
113	项目管理部门、施工企业、项目部未履行各自的安全职责。一般施工技术方案、开工报告等文件未制定或未审批进行施工作业。发包方在工程开工前未对承包方进行安全技术交底，无交底记录	管理违章	一般	D12	2
114	未对外来工作人员（临时用工或外单位技术人员）进行安全知识和安全规程的培训，外来人员未经考试合格就参与工作	管理违章	一般	D13	2
2.1.3 教育培训类					
115	安全教育流于形式、未对全部作业人员进行安全教育培训及安全考试；三级安全教育时间少于四十学时	管理违章	一般	D14	2
2.1.4 工作计划类					
116	未通过安全风险管控监督平台对各类作业计划实施全过程管控	管理违章	一般	D15	2
117	安全风险管控监督平台中作业内容填写不准确，危险点分析与实际不符、风险管控措填写	管理违章	一般	D16	2
118	未按规定定期网上公布作业现场信息，或公布作业现场信息不准确	管理违章	一般	D17	2
119	未按规定定期召开安全分析会，开展安全活动等安全例行工作	管理违章	一般	D18	2
120	作业计划未按规定时限录入安全风险管控监督平台	管理违章	一般	D19	2
2.1.5 教育培训类					
121	安全工器具试验报告不全，合格证不符合要求	管理违章	一般	D20	2
122	安全工器具和绝缘工器具未编号或编号不统一、清晰	管理违章	一般	D21	2
123	安全工器具室内存放不合格的安全工器具及其他物品	管理违章	一般	D22	2

续 表

序号	违章现象	违章性质	违章级别	违章代码	扣分标准
124	不按规定对安全工器具进行管理，未定期试验、检查	管理违章	一般	D23	2
2.1.6 检修、施工管理类					
125	安排单人从事检修电源的接拆工作	管理违章	一般	D24	2
126	机械操作规程未上墙，安全标牌不齐全	管理违章	一般	D25	2
127	配电箱电缆引线孔洞封堵不严、未加锁或内部有杂物	管理违章	一般	D26	2
128	未召开班前、班后会，未进行“三交”（交待任务、安全、技术）、“三查”（检查人员任务完成情况、工具材料是否遗漏、现场和设备是否干净）	管理违章	一般	D27	2
2.1.7 运行管理类					
129	未按规定做好相关记录（如运行记录未登记或登记不及时、不完整；交接班记录不完整，漏交、错交有关一般运行事项；检修试验记录未填写、未签名；未建立接地线管理登记记录等）	管理违章	一般	D28	2
130	设备变动后相应的规程、制度、资料未及时更新和审批	管理违章	一般	D29	2
131	高危及重要客户未经电力主管部门批复认定	管理违章	一般	D30	2
132	未指定专人负责信息运行日志、网络监控记录的日常维护和报警信息分析与处理	管理违章	一般	D31	2
133	未针对信息系统变更、重要操作、物理访问和网络接入等重要事项建立审批程序	管理违章	一般	D32	2
134	信息系统上线运行1个月内，未组织进行国家信息安全等级保护备案	管理违章	一般	D33	2
135	智能表计、移动作业、PDA、笔记本等终端未经过公司安全测试和加固；未实现基于公司数字证书系统的身份认证接入信息内外网；通过公司安全接入平台接入信息内网	管理违章	一般	D34	2

序号	违章现象	违章性质	违章级别	违章代码	扣分标准
	2.1.8 输变配电设备管理类				
136	设备运行标识、安全警告标识不齐全	管理违章	一般	D35	2
137	电缆井、电缆隧道内工作，监测手段不完善	管理违章	一般	D36	2
138	变电站避雷针上安装探照灯、搭挂通信电缆等	管理违章	一般	D37	2
139	已退役的设备未设置退运标识、未采取安全隔离措施或拆除	管理违章	一般	D38	2
140	变电站五防钥匙管理机无封条	管理违章	一般	D39	2
141	在信息通信系统工作中使用未通过安全检查的调试设备	管理违章	一般	D40	2
142	核心机房未履行出入登记制度	管理违章	一般	D41	2
143	防误闭锁装置的解锁钥匙管理不符合规定	管理违章	一般	D42	2
144	设计、采购、施工、验收未执行有关规定，造成设备装置性缺陷	管理违章	一般	D43	2
	2.1.9 营销管理				
145	直接接触设备的电气测量工作，未设监护人	管理违章	一般	D44	2
	2.1.10 电力设施保护				
146	线下违章建房、植树、施工等，未及时送达隐患整改通知书并向政府部门报备	管理违章	一般	D45	2
147	线路保护区或附近的施工现场等可能引起误碰线的区段未设立限高警示牌或采取其他有效措施，防止吊车等施工机械碰线	管理违章	一般	D46	2
148	对易遭外力碰撞的线路杆塔，未设置防撞墩，并涂刷醒目标志漆	管理违章	一般	D47	2

续 表

序号	违章现象	违章性质	违章级别	违章代码	扣分标准
149	电力设施周围施工防外破检查不到位	管理违章	一般	D48	2
2.1.11 交通管理					
150	车辆未配齐必需的防火、防滑、警示、应急用品和工器具、备胎等	管理违章	一般	D49	2
151	起重机上应备有灭火装置，驾驶室内应铺橡胶绝缘垫，禁止存放易燃物品	管理违章	一般	D50	2
152	进入现场作业的施工车辆，未配备符合要求的接地线	管理违章	一般	D51	2
2.1.12 消防管理					
153	变电站现场灭火器和黄沙配置不满足规程要求	管理违章	一般	D52	2
154	电缆竖井、夹层中未安装火灾自动报警系统探头	管理违章	一般	D53	2
155	消防重点工作部位没有标识标志	管理违章	一般	D54	2
156	易燃易爆区、重点防火区内的防火设施不全或不符合规定要求	管理违章	一般	D55	2
157	施工场所禁火区无醒目的警示标志，无醒目的人员进出通道标志	管理违章	一般	D56	2
2.1.13 违章管理					
158	未依托安全风险管控监督平台进行违章记分、统计、分析、曝光、通报	管理违章	一般	D57	2
159	各专业管理部门未在本专业管理范围内开展反违章工作	管理违章	一般	D58	2
2.2 行为类一般违章（146 条）					
2.2.1 两票					
160	一份工作票中的“三种人”违反规定中的兼任原则	行为违章	一般	D65	2

序号	违章现象	违章性质	违章级别	违章代码	扣分标准
161	现场勘察记录未按规定填写：工作地点需停电的范围，保留的带电部位，作业现场的条件、环境及其他危险点、需要采取的安全措施，附图及说明等内容	行为违章	一般	D66	2
162	工作票票面上的时间、工作地点、线路名称、杆号（位置）、设备双重名称、动词等关键字错字、漏字或涂改	行为违章	一般	D67	2
163	未将高空作业车、吊车等大型机械操作人员注明并列入工作班成员中	行为违章	一般	D68	2
164	同一份工作票、操作票多页票号不一致；工作票未编号或先使用后编号	行为违章	一般	D69	2
165	执行中的工作票、操作票存在违反《工作票实施方案》《操作票实施方案、细则》中不合格票的情况	行为违章	一般	D70	2
166	未按规定保存、管理工作票、操作票	行为违章	一般	D71	2
167	工作票所列工作班人员与现场不一致	行为违章	一般	D72	2
168	工作票中有关人员未按规定审查签名；工作班成员未在票上签名确认或签字不全、代签	行为违章	一般	D73	2
169	工作票、安全施工作业票填写、审查、签发、执行不符合要求	行为违章	一般	D74	2
170	操作票票面未按规定填写操作时间；修改个别误、漏字时，字迹模糊，不易辨认；漏填、错填一般操作项目（不会直接引起误操作的项目）	行为违章	一般	D75	2
171	操作票未盖“已执行”或“作废”印章；未每月进行统计考核	行为违章	一般	D76	2
172	不按规程要求收执工作票；工作延期或终结未及时办理相关手续	行为违章	一般	D77	2
173	工作票中的一般安全措施相关内容填写、执行不到位（如在开关机构或其他转动设备的机构上进行检修、解体等工作，未拉开相关动力电源等）	行为违章	一般	D78	2

序号	违章现象	违章性质	违章级别	违章代码	扣分标准
174	已执行的操作票遗失或未保留原始操作票	行为违章	一般	D79	2
2.2.2 作业执行					
175	根据作业情况现场已设置专责监护人，但未在工作票中明确被监护人或监护范围	行为违章	一般	D80	2
176	工作负责人及工作班成员变更未履行相关手续	行为违章	一般	D81	2
177	作业现场各级人员拒不配合安全督查工作，不提供检查资料	行为违章	一般	D82	2
178	工作票或施工作业票未在工作（施工）现场	行为违章	一般	D83	2
179	临近道路施工，工作间休或临时转移，现场及安全设施未安排专人看守	行为违章	一般	D84	2
180	各级领导干部、安全监督管理、到岗到位、监理、督查队、工作负责人未通过风险监督平台APP进行履职工作，或未按要求在风险监督平台APP上传履责照片	行为违章	一般	D85	2
181	未按要求开展远程和现场督查，或督查计划未对所辖风险实施全覆盖督查	行为违章	一般	D86	2
182	不执行标准化作业	行为违章	一般	D87	2
183	未取得单独巡视高压设备资格的人员单独巡视高压设备	行为违章	一般	D88	2
2.2.3 变电检修施工					
184	在脚手架上使用不牢固临时物体作为补充台架	行为违章	一般	D89	2
185	土石方施工时，堆土距坑边小于1m或高度超过1.5m，垂直坑壁边坡条件下弃土堆底至基坑顶边距离小于3m	行为违章	一般	D90	2
186	土石方开挖采用掏洞或在坑内休息	行为违章	一般	D91	2

序号	违章现象	违章性质	违章级别	违章代码	扣分标准
187	作业人员攀登挡土支撑架或在坑井的边坡脚下休息	行为违章	一般	D92	2
188	在同一垂直方向上进行人工传递钢筋等物件	行为违章	一般	D93	2
189	各种机械、车辆在开挖的基础边缘2m内行驶、停放	行为违章	一般	D94	2
190	液压泵操作者位于压钳作用力上方进行观察	行为违章	一般	D95	2
191	设备及材料堆放不稳固、过高，无防倾倒、滚动措施	行为违章	一般	D96	2
192	混凝土搅拌机未搭设防护棚	行为违章	一般	D97	2
193	作业人员上下基坑没有可靠的扶梯，靠互相拉拽、攀登挡土板上下	行为违章	一般	D98	2
194	戴手套抡大锤或打大锤时锤头对人	行为违章	一般	D99	2
195	蓄电池未定期进行充放电和内阻测试	行为违章	一般	D100	2
196	通信、信息、自动化检修作业开始前，未对受到影响的设备配置、应用软件和应用数据进行备份	行为违章	一般	D101	2
197	对于需要停电后才能进行的通信、信息、自动化检修作业，在停电前，未先进行停机操作；在停机过程中断电或强制关机	行为违章	一般	D102	2
198	巡视或检修作业，工作人员或机具与带电体不能保持规定的安全距离	行为违章	一般	D103	2
199	未正确着装，在现场穿高跟鞋、凉鞋、裤头、背心、裙子等，女同志未将辫子或齐肩发盘在工作帽内	行为违章	一般	D104	2
200	在开关机构上进行检修、解体等工作，未拉开相关动力电源	行为违章	一般	D105	2
201	继电保护进行开关传动试验未通知运行人员、现场检修人员	行为违章	一般	D106	2

续 表

序号	违章现象	违章性质	违章级别	违章代码	扣分标准
202	继保屏上作业时，运行与检修设备无明显标志隔开，或在保护盘上或附近进行振动较大工作时，未采取防掉闸的安全措施	行为违章	一般	D107	2
203	单人违反规定在高压设备区域从事检修、维护工作	行为违章	一般	D108	2
204	使用电气工具过程中遇临时停电或因故离开现场需暂停工作时，未立即断开电源	行为违章	一般	D109	2
205	高压验电、装设接地线时未按规定戴绝缘手套	行为违章	一般	D110	2
206	在电池上或电池周围作业时，未采取防触电、短路措施	行为违章	一般	D111	2
207	支设梁模板时，站在柱模板上操作，在梁的底模板上行走	行为违章	一般	D112	2
2.2.4 线路检修施工					
208	在未通信联络、未统一旗语信号的情况下即进行放线、撤线	行为违章	一般	D113	2
209	杆塔施工中临时拉线过夜未采取加固、防外力、防盗措施	行为违章	一般	D114	2
210	钢丝绳与铁塔绑扎处未衬垫软物或采取防滑措施	行为违章	一般	D115	2
211	登杆前不核对线路名称、杆号、色标；登杆前不检查杆根和拉线是否正常；人工立杆不使用抱杆，用铁锹、桩柱等代替	行为违章	一般	D116	2
212	登杆前不检查基础、杆根、爬梯和拉线是否正常	行为违章	一般	D117	2
213	未按规定搭设使用跨越架和脚手架（如搭设、验收及交接未挂牌；脚手架上作业面、斜道上未满铺和固定；未及时更换损坏的脚手板，有探头板等）	行为违章	一般	D118	2
214	组立杆塔时未及时对塔身接地	行为违章	一般	D119	2
215	临时拉线固定在不可靠的物体上	行为违章	一般	D120	2
216	杆塔施工中，临时拉线过夜未采取加固措施	行为违章	一般	D121	2

序号	违章现象	违章性质	违章级别	违章代码	扣分标准
217	张力放线前，未对转角杆塔放线滑车的预倾措施和导线上扬处的压线措施进行检查	行为违章	一般	D122	2
218	在杆塔基坑内休息	行为违章	一般	D123	2
219	上下交叉作业时，未采取防坠物伤人措施	行为违章	一般	D124	2
220	吊点绳、承托绳、控制绳及内拉线等绑扎处的受力部位缺少构件	行为违章	一般	D125	2
221	挂线时，过牵引量未严格执行设计要求，在停止牵引前作业人员到挂线点操作	行为违章	一般	D126	2
222	相邻杆塔同时在同相（极）位安装附件，作业点垂直下方有人	行为违章	一般	D127	2
2.2.5 带电作业					
223	作业过程中绝缘斗臂车（电能驱动型除外）发动机熄火	行为违章	一般	D128	2
224	接近和离开带电部位时，未由绝缘斗中人员操作或下部操作人员离开操作台	行为违章	一般	D129	2
225	未穿戴防穿刺手套进行带电作业，或带电断、接引线作业时未戴护目镜	行为违章	一般	D130	2
226	未采取防止导线脱落的后备保护措施进行单吊线装置带电更换绝缘子串或移动导线	行为违章	一般	D131	2
227	使用的带电作业工器具放置在地面上或其他不防潮的物体上	行为违章	一般	D132	2
228	遮蔽隔离措施搭接长度小于15cm	行为违章	一般	D133	2
229	带电装、拆三相电能表	行为违章	一般	D134	2
230	在带电设备区域进行吊装作业，安全距离不够且未采取有效措施	行为违章	一般	D135	2
231	在带电设备区作业，机械设备本体、吊车、斗臂车未接地	行为违章	一般	D136	2

序号	违章现象	违章性质	违章级别	违章代码	扣分标准
232	装拆绝缘隔离措施时未按顺序逐相进行	行为违章	一般	D137	2
233	在带电的电压互感器二次回路上工作时未采取防短路和接地措施	行为违章	一般	D138	2
	2.2.6 电缆作业				
234	电缆敷设过程中，未采取防止电缆受到碰撞、挤压等导致机械损伤的措施	行为违章	一般	D139	2
235	电缆敷设过程中未严格控制牵引力、侧压力和弯曲半径	行为违章	一般	D140	2
236	施工期间未做好电缆和电缆附件的防潮、防尘、防外力损伤措施	行为违章	一般	D141	2
	2.2.7 动火作业				
237	压力容器气瓶在烈日下曝晒，无防护措施	行为违章	一般	D142	2
238	将电缆外皮、轨道、管道或其他金属物品等作为电焊的二次线	行为违章	一般	D143	2
	2.2.8 高处作业				
239	未采取防坠物伤人措施的上下交叉作业	行为违章	一般	D144	2
240	高处作业未使用工具袋或随手上下抛掷器具、材料，较大的工具未使用绳拴在牢固的构件上	行为违章	一般	D145	2
241	后背保护绳对接使用	行为违章	一般	D146	2
242	在行人道口或人口密集区从事高处作业，工作地点的下面不设围栏、未设专人看守或其他安全措施	行为违章	一般	D147	2
243	作业人员在高处作业时接打手机、吸烟	行为违章	一般	D148	2
244	携带器材登杆或在杆塔上移位	行为违章	一般	D149	2

续表

序号	违章现象	违章性质	违章级别	违章代码	扣分标准
245	架梯无防滑措施；人字梯无限制开度措施	行为违章	一般	D150	2
246	在梯子上作业，无人扶梯子或梯子架设在不稳定的支持物上，或梯子无防滑措施	行为违章	一般	D151	2
247	高处作业人员随手上下抛掷工具、材料等物件	行为违章	一般	D152	2
2.2.9 倒闸操作					
248	不按规定的顺序操作配电变压器高压熔断器（跌落保险）	行为违章	一般	D153	2
249	停电后跌落式熔断器没有摘下熔管或悬挂标识牌	行为违章	一般	D154	2
250	在倒闸操作时做与操作无关的事情（如吸烟、打手机等）	行为违章	一般	D155	2
251	监护人在操作票本步骤操作完后，未执行打“√”确认，就进行下一步操作内容	行为违章	一般	D156	2
2.2.10 接地线装拆					
252	保护零线采用简单缠绕或钩挂方式连接	行为违章	一般	D157	2
253	现场装设的接地线埋深不足60cm，接地极用螺纹钢等不合格材料或构件代替	行为违章	一般	D158	2
254	新安装已就位的金属构架、设备未接地	行为违章	一般	D159	2
2.2.11 高压试验					
255	电缆耐压试验分相进行时，另两相电缆未接地	行为违章	一般	D160	2
256	未采用专用的高压试验线	行为违章	一般	D161	2
257	试验设备未断开电源前，搬运试验仪器及电源盘等	行为违章	一般	D162	2

续 表

序号	违章现象	违章性质	违章级别	违章代码	扣分标准
258	未对临时解开的引流线可靠绑扎	行为违章	一般	D163	2
259	金属容器或电气设备进行抽真空注压试验未使用监测表和派专人监管	行为违章	一般	D164	2
260	不按规定执行设备定期试验轮换制	行为违章	一般	D165	2
2.2.12 二次作业					
261	二次回路施工作业中，该拆除的二次回路未拆除、拆除线未进行绝缘包裹绑扎	行为违章	一般	D166	2
262	屏柜内备用芯没有进行绝缘包扎	行为违章	一般	D167	2
263	在继电保护、遥控、遥测、仪表等二次回路上工作时，在邻近的运用中设备及二次回路上未悬挂“运行中”红色布幔	行为违章	一般	D168	2
2.2.13 起重作业					
264	物件起升和下降速度不平稳、均匀	行为违章	一般	D169	2
265	汽车起重机行驶时，操作室坐人	行为违章	一般	D170	2
266	汽车起重机行驶时，应将臂杆放在支架上，吊钩挂在挂钩上并将钢丝绳收紧。禁止操作室坐人	行为违章	一般	D171	2
267	起重机在进行起吊作业时周围未设防护、警戒和标示	行为违章	一般	D172	2
268	重物吊离地面后，未进行安全检查便继续起吊	行为违章	一般	D173	2
269	吊车起吊前未鸣笛示警、未对各项起重器具、接地线等进行工况检查或起重工作无专人指挥	行为违章	一般	D174	2
270	带棱角、刃口的物件未包垫起行起吊	行为违章	一般	D175	2
271	装运超长、超高重力物件未做好安全措施	行为违章	一般	D176	2

续 表

序号	违章现象	违章性质	违章级别	违章代码	扣分标准
2.2.14 施工用电					
272	工作结束或中断，未切断电源	行为违章	一般	D177	2
273	电线直接钩挂在闸刀或直接插入插座内使用	行为违章	一般	D178	2
274	电焊机倒换接头、转移工作地点或发生故障时，未切断电源	行为违章	一般	D179	2
275	临时电源未使用专用插头	行为违章	一般	D180	2
276	用临时电源时，越过熔丝（空气开关）接入电源	行为违章	一般	D181	2
277	从运行设备上直接取检修试验电源	行为违章	一般	D182	2
278	施工用电未设专人管理，随意私拉乱接	行为违章	一般	D183	2
279	临时用电不满足“一机一闸一保护”要求；电源引线长度大于5m时，未设移动开关箱	行为违章	一般	D184	2
280	在潮湿和金属容器管（隧）道内作业不使用安全电压	行为违章	一般	D185	2
2.2.15 标志及围栏					
281	土石方挖掘的施工区域未设围栏及安全警示标志，夜间未挂警示灯	行为违章	一般	D186	2
282	未按规定装设遮栏、标示牌或漏挂（拆）、错挂（拆）标示牌	行为违章	一般	D187	2
283	进行高压试验时不装设遮拦或围栏	行为违章	一般	D188	2
2.2.16 安全工器具、安技劳保用品					
284	安全工器具台账、领用、检查记录不规范	行为违章	一般	D189	2

续 表

序号	违章现象	违章性质	违章级别	违章代码	扣分标准
285	不使用或未正确使用劳动保护用品，如焊接、电镐、砂轮磨工件等工作不戴护目眼镜，使用钻床等旋转机具时戴手套等	行为违章	一般	D190	2
286	用砂轮锯代替砂轮磨物件	行为违章	一般	D191	2
287	进入作业现场未正确着装及佩戴安全帽	行为违章	一般	D192	2
288	现场作业中，作业人员需要佩带安全色标而未佩带	行为违章	一般	D193	2
289	现场工作负责人、监护人未按规定佩戴明显标识	行为违章	一般	D194	2
290	作业人员使用安全工器具前不进行检查	行为违章	一般	D195	2
291	安全工器具和其他材料、设备混装运输、存放，未采取隔离措施	行为违章	一般	D196	2
292	安全工器具未达到账、卡、物定置定位管理标准	行为违章	一般	D197	2
293	在潮湿和金属容器沟道内作业不使用安全电压行灯照明	行为违章	一般	D198	2
294	急救箱未按规定配置，箱内的药品未定期检查和更换	行为违章	一般	D199	2
2.2.17 其他					
295	工作人员单独进入或滞留在高压室或室外高压设备区	行为违章	一般	D200	2
296	进出机房人员携带和存放易燃、易爆、易碎、易污染和强磁物品	行为违章	一般	D201	2
297	在电池上或电池周围作业时，未采取防触电、短路措施	行为违章	一般	D202	2
298	手车开关拉出至柜外后，未及时将中柜门关好	行为违章	一般	D203	2

序号	违章现象	违章性质	违章级别	违章代码	扣分标准
299	在梯子上作业，无人扶梯	行为违章	一般	D204	2
300	绳卡数量不足或正反交叉使用	行为违章	一般	D205	2
301	标准化作业执行不到位	行为违章	一般	D206	2
302	防误闭锁装置日常巡视检查及缺陷管理不符合要求，失灵或损坏未挂牌管理	行为违章	一般	D207	2
303	易燃易爆物品或各种气瓶不按规定储运、存放、使用	行为违章	一般	D208	2
304	在易燃物品及重要设备上方进行焊接，下方无监护人，未采取防火等安全措施	行为违章	一般	D209	2
305	酒后进入施工现场，或在非吸烟区吸烟	行为违章	一般	D210	2
2.3 装置类一般违章（66条）					
2.3.1 安全工器具					
306	验电器自检无声、光报警信号	装置违章	一般	D211	2
307	人字梯、直梯连接不可靠、没有防滑垫、限高标志，人字梯无限制开度的措施	装置违章	一般	D212	2
308	绝缘杆、绝缘夹钳连接不牢固，有松动、锈蚀等	装置违章	一般	D213	2
309	安全工器具室温度小于-15℃或大于+35℃，相对湿度大于80%，不具备干燥通风条件。智能安全工器具柜无法正常开启除湿、恒温功能	装置违章	一般	D214	2
2.3.2 机具类					
310	电焊机金属外壳无可靠的保护接地（零）	装置违章	一般	D215	2
311	移动式电动机械和手持电动工具电源线未使用多股铜芯橡皮护套电缆或护套软线	装置违章	一般	D216	2

续 表

序号	违章现象	违章性质	违章级别	违章代码	扣分标准
312	电动工器具的单相电源线未选用带有PE线芯的三芯软橡胶电缆；三相电源线未选用带有PE线芯的五芯软橡胶电缆；接线时，电缆线护套未穿进设备的接线盒内并予以固定	装置违章	一般	D217	2
313	电动工具保护接地（零）连接不正确或不牢固可靠	装置违章	一般	D218	2
314	电动工具的剩余电流动作保护器未安装或安装选型不符合要求	装置违章	一般	D219	2
315	电动工具电缆线、插头、开关、机械防护装置及外壳、手柄等破损	装置违章	一般	D220	2
316	电焊机、电动机械设备的外壳未接地、其二次线接头铜芯裸露未进行绝缘包扎	装置违章	一般	D221	2
317	使用安全装置不齐全的机械设备和施工器具；违规拆除防护装置	装置违章	一般	D222	2
318	龙门吊、塔吊工作完毕未锁紧夹轨钳或没有按规定做好防风、防雷措施	装置违章	一般	D223	2
319	吊勾无防脱勾保险装置；开门滑车未将开门勾环扣紧	装置违章	一般	D224	2
320	各类机械设备旁无安全操作规程	装置违章	一般	D225	2
321	起重机械，如绞磨、汽车吊、卷扬机等无制动和逆止装置，或制动装置失灵、不灵敏	装置违章	一般	D226	2
322	机械设备转动部分无防护罩	装置违章	一般	D227	2
2.3.3 变电类					
323	变电站配电装置接地端未与接地网可靠（直接）连接，或接地电阻不合格	装置违章	一般	D228	2
324	变电站主设备及设备架构未两点接地	装置违章	一般	D229	2
325	变电站无安全防护措施，或安全防护装置失灵、损坏未及时组织维修、更换	装置违章	一般	D230	2

续表

序号	违章现象	违章性质	违章级别	违章代码	扣分标准
326	变电站内端子箱、机构箱、智能控制柜、汇控柜等屏柜内的交直流接线，接在同一段端子排上	装置违章	一般	D231	2
327	变电站户外高压配电装置场所的行车通道未按规程规定设置行车限高、限速标志	装置违章	一般	D232	2
328	防误闭锁装置不全或不具备“五防”功能	装置违章	一般	D233	334
329	室内高压母线分段处、交叉处及部分停电检修易误碰有电设备处未设明显标志的永久性隔离挡板或护网	装置违章	一般	D234	2
330	变电站户外厂前区与设备区未隔离；配电装置的带电设备隔离遮拦不完备、不正确	装置违章	一般	D235	2
331	高压室门未锁，事故逃生门打不开或向内开	装置违章	一般	D236	2
332	高低压线路对地、对建筑物等安全距离不够	装置违章	一般	D237	2
333	高压配电装置带电部分对地距离不能满足规程规定且未采取措施	装置违章	一般	D238	2
334	巡视或检修作业，工作人员或机具与带电体不能保持规定的安全距离	装置违章	一般	D239	2
2.3.4 输配电类					
335	平行或同杆架设多回路线路无色标、运行标识或安全警示标识	装置违章	一般	D240	2
336	线路接地电阻不合格或架空地线未对地导通	装置违章	一般	D241	2
337	在绝缘配电线路上未按规定设置验电接地环	装置违章	一般	D242	2
338	装有攀登装置的杆、塔及设备构架攀登装置上未设置“禁止攀登、高压危险”标示牌。装设于地面的配电变压器未设有安全围栏，并悬挂“止步！高压危险”等标示牌	装置违章	一般	D243	2

续 表

序号	违章现象	违章性质	违章级别	违章代码	扣分标准
339	人口密集区开闭站、环网柜、电缆分接箱无设备围栏	装置违章	一般	D244	2
340	杆塔脚钉、塔材、防盗帽、保护金具缺失	装置违章	一般	D245	2
341	架空地线复合光缆（OPGW）在进站门型架处未正确接地	装置违章	一般	D246	2
342	引入光缆封堵不严或接续盒安装不正确，造成管内或盒内进水结冰	装置违章	一般	D247	2
2.3.5 电力电缆类					
343	在变电站电缆夹层、桥架和竖井等缆线密集区域布置电力电缆接头	装置违章	一般	D248	2
344	电缆主绝缘、单芯电缆的金属屏蔽层、金属护层未采取可靠的过电压保护措施。统包型电缆的金属屏蔽层、金属护层未进行两端直接接地	装置违章	一般	D249	2
345	电缆孔洞、穿管未封堵或封堵不严	装置违章	一般	D250	2
2.3.6 检修电源					
346	检修电源未从专用电源处接入；其接入和拆除未设专人负责	装置违章	一般	D251	2
347	电源配电箱无门、无锁或未锁；无防雨措施；刀闸损坏、缺盖、接线不符合安全要求；设备编号、标识不全	装置违章	一般	D252	2
348	生产、施工等使用的低压电源无漏电保护装置	装置违章	一般	D253	2
349	使用电动设备违反“一机、一闸、一保护”规定	装置违章	一般	D254	2
350	施工电源及照明线路导线敷设不符合规定（如不采用绝缘子支撑，直接绑挂在构支架上，过公路不穿管埋设或架空敷设等）	装置违章	一般	D255	2
351	电源箱临时接地棒埋深不满足要求，接地线连接处采取缠绕方式接地等	装置违章	一般	D256	2

续 表

序号	违章现象	违章性质	违章级别	违章代码	扣分标准
352	电源设备外壳未接地	装置违章	一般	D257	2
353	低压施工电源的中性点未直接接地或接地不可靠	装置违章	一般	D258	2
354	施工现场临时用电布设杂乱	装置违章	一般	D259	2
355	现场低压配电开关护盖不全，导电部分裸露	装置违章	一般	D260	2
356	配电箱无锁具，内部无接线图，附近无灭火器，无围栏	装置违章	一般	D261	2
2.3.7 其他					
357	计量箱窗门破损不加锁、接线凌乱等	装置违章	一般	D262	2
358	电气设备外壳、屏、柜、箱及其门未接地或接地不规范（连接不可靠、焊接质量不符合要求等）	装置违章	一般	D263	2
359	电气设备无安全警示标志或未根据有关规程设置固定遮（围）栏	装置违章	一般	D264	2
360	接地引下线搭接截面不满足要求，接地线与电气设备用螺栓连接时未设防松螺帽或防松垫片	装置违章	一般	D266	2
361	二次电缆、五防锁具、配电箱、空开、保险、接地端等无标识或标识不规范，应齐全、清晰	装置违章	一般	D267	2
362	防小动物进入的安全措施不完善，孔洞未用专用器具封堵，门口未设防鼠挡板或挡鼠板低于40cm	装置违章	一般	D268	2
363	气焊与切割用的氧气瓶、乙炔瓶无两道橡胶防护圈	装置违章	一般	D269	2
364	带电设备周围金属围栏未进行可靠接地	装置违章	一般	D270	2
365	变电站户外高压配电装置场所的行车通道未按规程规定设置行车限高、限速标志	装置违章	一般	D271	2
366	检修、施工现场设置的安全围栏和警示标识不符合要求	装置违章	一般	D272	2

续表

序号	违章现象	违章性质	违章级别	违章代码	扣分标准
367	漏挂（拆）、错挂（拆）标示牌	装置违章	一般	D273	2
368	擅自拆除或移动安全遮栏及现场安全标识牌	装置违章	一般	D274	2
369	检修、施工现场临边及“四口”无防护设施	装置违章	一般	D275	2
370	临时建筑物不符合安全使用要求	装置违章	一般	D276	2

附录D

违章整改通知单（样例）

编号：××公司××年第××号

××公司　　　　　　　　　　　　　　　　　　　　　　　　年　月　日

<table>
<tr><td colspan="2">检查项目</td><td colspan="3"></td></tr>
<tr><td colspan="2">检查时间</td><td colspan="3">年　月　日</td></tr>
<tr><td colspan="2">检查地点</td><td colspan="3"></td></tr>
<tr><td colspan="2">主送单位</td><td colspan="3"></td></tr>
<tr><td>序号</td><td colspan="2">发现问题</td><td colspan="2">违反条款</td></tr>
<tr><td rowspan="2">1</td><td colspan="2"></td><td colspan="2"></td></tr>
<tr><td colspan="4">（附图）</td></tr>
<tr><td rowspan="2">2</td><td colspan="2"></td><td colspan="2"></td></tr>
<tr><td colspan="4">（附图）</td></tr>
<tr><td colspan="2">整改要求</td><td colspan="3">例：对××无法立即整改的问题，应采取××管控手段；整改完成后××日内将整改完成情况报××备案。若存在异议，请于××日内，以书面形式向××陈述理由，提供证明材料</td></tr>
<tr><td colspan="2">惩处要求或意见</td><td colspan="3">如：按照××标准，对××单位按照××进行记分处理，扣××分</td></tr>
<tr><td colspan="2">检查人员</td><td colspan="3"></td></tr>
<tr><td colspan="2">编 制</td><td></td><td>审 核</td><td></td></tr>
<tr><td colspan="2">签 发</td><td colspan="3"></td></tr>
</table>

附录E

违章整改反馈单（样例）

编号：×××公司××年第××号

××公司　　　　　　　　　　　　　　　　　　　　　　年　月　日

<table>
<tr><td>受检项目</td><td colspan="5"></td></tr>
<tr><td>受检时间</td><td colspan="5">年　月　日</td></tr>
<tr><td>受检地点</td><td colspan="5"></td></tr>
<tr><td>主送单位</td><td colspan="5"></td></tr>
<tr><td>序号</td><td>被查问题</td><td>整改措施</td><td>责任单位（部门）</td><td>责任人</td><td>整改情况</td></tr>
<tr><td>1</td><td></td><td>1. ……
2. ……</td><td></td><td></td><td></td></tr>
<tr><td rowspan="3">2</td><td rowspan="3"></td><td>1. ……
2. ……</td><td>单位1</td><td></td><td></td></tr>
<tr><td>3. ……
4. ……</td><td>单位2</td><td></td><td></td></tr>
<tr><td>5. ……</td><td>单位3</td><td></td><td></td></tr>
<tr><td>编 制</td><td></td><td>审 核</td><td></td><td>签 发</td><td></td></tr>
<tr><td>联系人</td><td></td><td>电 话</td><td></td><td>传 真</td><td></td></tr>
</table>

附录F

违章整改报告（模板）

一、整改组织情况

……

二、问题成因分析

……

三、整改及惩处措施

（一）整改措施

1. 制度层面

……

2. 机制层面

……

3. 执行层面

……

（二）惩处措施

1. 对系统内单位及人员的惩处

……

2. 对系统外单位及人员的惩处

……

四、意见和建议

……